小学館文庫

世界遺産 行ってみたい 55

世界遺産を旅する会・編

小学館文庫

目次

第四章　謎の古代遺跡を探る

第五章　歴史のある街を歩く

ロシア
モンゴル
38莫高窟
7頤和園
日本
白川郷
16
8日光
中国
22カムチャツカ
15麗江
6フエ
ベトナム
17コルディレラ
フィリピン
インドネシア
29コモド国立公園
31カカドゥ国立公園
オーストラリア
32ウルル=カタ・ジュタ国立公園
30ウィランドラ湖群
ニュージーランド

収録
世界遺産
地図

1 サンクト・ペテルブルグ
カザフスタン
トルコ
ネムルト・ダア 40
シリア 10
パルミラ
チョーガ・ザンビル
41 イラン
モヘンジョ・ダー
39
パキスタン
タージ・マハ
インド
11 ジェミラ
モロッコ
54 フェス
18 アイト=ベン=ハッドゥ
アルジェリア
42
タッシリ・ナジェール
カイロ 55
エジプト
43 サウジアラビア
テーベ
マリ
ニジェール
19
バンディアガラ
スーダン
シバーム
53
イエメン
エチオピア
34 セレンゲティ国立公園
タンザニア
ザンビア
33 ジンバブエ
ヴィクトリアの滝
南アフリカ

カナダ
23カナディアン・ロッキー
25
オリンピック国立公園
24イエローストーン
アメリカ合衆国
26カールズバッド洞窟
メキシコ
グアナファト52
37チチェン=イツァ
ベネズエラ
コロンビア
キト
5
エクアドル
ペルー
マヌー国立公園27
ブラジル
チリ
アルゼンチン
ロス・グラシアレス28

21 ラップ人地域
スウェーデン
フィンランド
ノルウェー
サンクト・ペテルブルグ
13 ウルネス
1
ラトビア
51 リガ
リトアニア
イギリス
ポツダム
ウェストミンスター
3
ポーランド
35
4
ストーンヘンジ
ドイツ
プラハ
50
2
チェコ
ヴュルツブルク
ハンガリー
フランス
ルーマニア
フィレンツェ
45
ポルト
46 サン・ジミニャーノ
48
コルシカ 20
スペイン
イタリア
アルベロベッロ
ポルトガル
14 クエンカ
12
47 コルドバ
ギリシア
36
カルタゴ
ミケーネ
44
11 ジェミラ
マルタ
49 ヴァレッタ
54 フェス
モロッコ
チュニジア
アルジェリア

階段は、各国大使が頻繁に訪れたことから「大使の階段」と呼ばれた。

第一章 富と権力の象徴を訪ねる

サンクト・ペテルブルグの冬宮、現エルミタージュ美術館。２階の「謁見の間」へ続く

帝政ロシアの華麗なる都

❶ サンクト・ペテルブルグ歴史地区

ロシア

アクセス　モスクワから飛行機で約1時間、または列車で約8時間30分
所在地　サンクト・ペテルブルグ州
登録名　Historic Centre of St. Petersburg and Related Groups of Monuments

ロマノフ王朝二〇〇年の都サンクト・ペテルブルグ。壮麗な石造りの建物が並ぶこの街は、ピョートル大帝がロシアの近代化の夢を抱いて建設したものである。ヨーロッパ歴訪から戻った大帝は、「欧州への開かれた窓」となる新都造営を決意、ネヴァ川河口の湿地帯に運河を取りこんで、水の都サンクト・ペテルブルグ（聖ピョートルの街）を築きあげた。一七〇九年、ロシアはスウェーデンを破ってバルト海への道を確保し、一七一二年にモスクワから遷都された。宮殿と要塞、学術機関などを中核とした、帝政ロシアの繁栄を象徴する街である。

この街が「北のパリ」として欧州に名を馳せるのは、十八世紀後半、エカテリーナ二世の統治下のこと。女帝は学術を愛し、華麗な宮廷文化が花開いた。その舞台となったのが冬宮（現エルミタージュ美術館）である。金箔で装飾された「黄金の客間」や、二トンもの孔雀石を張った「孔雀の間」など、贅を凝らした内装には誰もが驚嘆する。冬宮で催された晩餐会は盛大で、人びとは夜を徹して踊りつづけたという。

宮殿広場から旧参謀本部を望む。建物中央のアーチはナポレオン戦の凱旋門。

また、女帝は美術品にも関心が高く、その収集品を披露したのがエルミタージュ美術館のはじまりとされる。

歴代皇帝は郊外にも美しい宮殿を建設した。大帝がヴェルサイユに対抗して建てた夏の宮殿や、金箔のエカテリーナ宮殿など、豪勢な離宮はロマノフ王朝の栄誉に燦然《さんぜん》と輝いている。

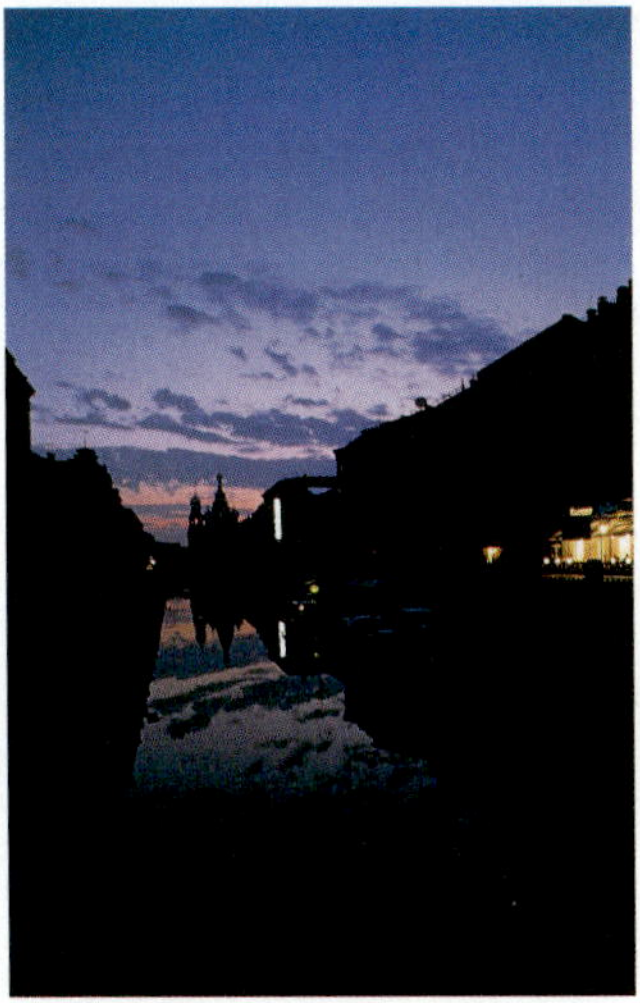

運河が縦横に走る水の都。

1818年から40年かけて建てられた壮大なサンクト・ペテルブルグの聖イサク寺院。

ドイツの名門一族が完成させたバロック宮殿

❷ ヴュルツブルクの司教館、その庭園と広場

ドイツ

アクセス　フランクフルトより列車で約1時間30分
所在地　バイエルン州ヴュルツブルク
登録名　Würzburg Residence, with the Court Gardens and Residence Square

ヴュルツブルクは司教の治める司教都市として発展した。中世ヨーロッパでは教会が権力を強め、司教が領主を兼ねることもあったのである。一七一九年、領主司教となったシェーンボルン伯ヨハン・フランツは、住居である司教館の新築を計画する。五つの庭園と三〇〇余の部屋をもつ豪華な館の完成には、実に六〇年の歳月が要された。シェーンボルン家は七つの選帝侯国を独占する名門だったが、このバロック宮殿の建設に、一族の全収入をつぎこんだといわれている。

もっとも華麗な「鏡の間」は、ヴェネツィア製の鏡で贅沢に飾られ、陽光が満ちあふれる。「白の間」「皇帝の間」も繊細で優雅な空間だ。大階段室の巨大な天井はヴェネツィアの画家ティエポロのフレスコ画が覆う。太陽神アポロに導かれ天空へと昇る群像は、吸いこまれそうな迫力がある。支柱をもたない天井の強度が疑問視されたため、設計者バルタザール・ノイマンは、この下で大砲を撃って堅牢性をアピールしたという。第二次大戦の爆撃にも耐え、華麗な姿を伝えている。

広間でも演奏が行われる。天井のフレスコ画はティエポロの傑作。

ヴュルツブルク司教館の「皇帝の間」。モーツァルト音楽祭が毎年６月に開かれ、この

列強に肩を並べたプロイセン王国の宮殿群

③ポツダムとベルリンの宮殿と公園

ドイツ

アクセス　ポツダムへはベルリンから列車で約30分、ポツダム・シュタット駅下車
所在地　ポツダム州ポツダム、および首都ベルリン
登録名　Palaces and Parks of Potsdam and Berlin

十六世紀以降、ヨーロッパ諸国は政治的覇権をめぐって激しい興亡を繰り返した。そのなかで王権が強化され、フランスのルイ一四世に代表されるような絶対王政が敷かれることになったのだ。ドイツでは多くの小国の集合体であった時代が長く続き、十八世紀後半、プロイセン王国のフリードリヒ二世（フリードリヒ大王）のもとで、ようやく列強の仲間入りを果たした。ポツダムとベルリンに残る華やかな宮殿群は、北ドイツの辺境からのしあがったプロイセンの栄光を物語る。

一七四〇年に王位を継承した大王は、産業を育成、教育を充実させ、また中央集権化を進めてマリア・テレジアの率いるオーストリアと戦って領土を拡大した。しかしその一方で、彼は芸術や哲学をこよなく愛した人でもあった。自ら基本設計をしたサンスーシ宮殿は、ブドウ園の丘陵上に築かれ、テラスの下に広がる庭園の眺望がすばらしい。

サンスーシとは、フランス語で「憂いなし」の意で、内部は優雅な曲線が至るところに見られるロココ様式。大王はここに学者や芸術家

を招き、「大理石の間」でフルートの演奏を披露することもあった。この宮殿は、「君主は国家第一の僕《しもべ》」を旨とした偉大な権力者の孤独を慰める安らぎの館であった。

ポツダムにはほかにも壮麗な新宮殿や、ポツダム会談が開かれたことで有名なツェツィーリエンホーフ宮殿などがある。

またベルリンのシャルロッテンブルク宮殿には、プロイセン王室が集めた数多くの美術工芸品が飾られている。

サンスーシ宮殿南面の、庭園に続く６層のテラス。

1500点以上もコレクションされ、当時流行した中国趣味を堪能できる。

ベルリンのシャルロッテンブルク宮殿の「陶磁器の間」。中国や日本などの陶磁器が

テムズ河畔にそびえる英王室の象徴

❹ウェストミンスター宮殿・大寺院、聖マーガレット教会

イギリス

アクセス　ヒースロー空港より地下鉄で約50分、ウェストミンスター駅下車
所在地　ロンドン、ウェストミンスター
登録名　Westminster Palace, Westminster Abbey, and Saint Margaret's Church

ロンドンのウェストミンスターは、英王室を象徴する街区である。ビッグベンの名で親しまれる時計塔と国会議事堂は、正式名称をウェストミンスター宮殿といい、十六世紀までは王の居城であった。大寺院と聖マーガレット教会も、王室が建てた修道院を原型とする。

国王の戴冠式や結婚式、王族の葬儀が行われる大寺院は、もっとも神聖な空間である。王族や著名人の廟《びょう》も多く、まるで英国史の紳士録のようだ。身廊《しんろう》は英国一天井が高く、両側の柱がどこまでも伸び、頭上で流麗なアーチを結ぶ。しばし見とれてしまうほど華麗だ。身廊奥のエドワード懺悔《ざんげ》王礼拝室には、七〇〇年間使用され、四〇人の王が座った椅子がある。戴冠式の際、新王が座るコロネーション・チェアである。そのとき国王は司教から、世界最大のダイヤ「アフリカの星」が飾られた王杖と指輪、金の王冠を授けられ、正式な王となるのだ。

夕方、ビッグベンなどは華やかにライトアップされる。テムズをわたる風に吹かれながら、河岸の遊歩道を散策するのも心地よい。

ウェストミンスター大寺院のゴシック様式の西正面。

赤と金色が調和する、華麗な国会議事堂の上院。

ク・リバイバル様式で再建されたもの。

ウェストミンスター宮殿をテムズ川対岸から望む。現在の建物は、19世紀にゴシッ

豪奢な聖堂に植民都市の栄光を見る

⑤キト市街

エクアドル

アクセス　アメリカの各都市から直行便が出ている
所在地　首都キト
登録名　City of Quito

標高二八五〇メートルの高地に位置し、インカ帝国第二の都市があったキトは、十六世紀にスペインに征服されて植民都市となった。富裕層の居住区だった旧市街には、修道会各派によって建てられた大規模な聖堂や修道院が三〇余もある。宣教師たちは、豪華な聖堂の建立がインディオへの布教に有効だと考えたのだ。

なかでも、バロック様式のラ・コンパニーア聖堂やサン・フランシスコ聖堂は、黄金の主祭壇で知られる。聖母子や聖人像はさまざまな文様で隙間《すきま》なく飾り立てられ、壁一面が燦然《さんぜん》と光り輝く。眩《まばゆ》いばかりの神の世界は、見る者に畏怖の念すら抱かせる。ラ・コンパニーア聖堂の主祭壇には、なんと七トンもの金箔が使われているという。

教会は先住民の教育にも心をくだき、フランシスコ会修道院に付属して建てられた学校は、神学と美術を教える教育機関となった。

豪壮な邸宅や教会建築の立ち並ぶ旧市街は、宗教のみならず文化・芸術を新大陸に広めた征服者の栄光をとどめている。

完成までに161年もかかったラ・コンパニーア聖堂。らせん状の円柱が特徴的。

主祭壇にはあらゆる装飾が駆使され、黄金の輝きを放っている。

フランシスコ会修道院に付属する、キトのサン・フランシスコ聖堂。バロック様式の

歴史の荒波をくぐったベトナム王朝の古都

❻フエの建造物群

ベトナム

アクセス　ホーチミン市からハノイまで飛行機で2時間。ハノイから飛行機で1時間30分、バスでは約14時間。空港から市内まで車で約20分
所在地　ベトナム中部、ダナンの北方
登録名　Complex of Hué Monuments

フエは、ベトナム最後の王朝グエン（阮）朝（一八〇二～一九四五）の都であった。市の中央を流れるフォーン河畔の旧市街に、一八二二年頃、第二代ミンマン（明命）帝が完成させた王宮が立つ。中国の紫禁城（故宮）を四分の三の大きさで模したものだ。ベトナムは、漢代から中国の支配下にあり、文化的には中国の大きな影響を受けながら、独立の獲得と維持に努めてきた。

王宮の南の正面には、大きな午門《ごもん》がそびえる。石組みの上に二階建ての五つの望楼があり、黄色い瓦と朱塗りの柱がきらびやかだ。皇帝が政治を行った太和殿《たいわでん》には皇帝を象徴する龍を描いた柱がずらりと並ぶ。ベトナム戦争をかいくぐって残ったことが奇跡のようだ。しかし戦争で失われた堂宇も多く、ユネスコの復旧事業が進められている。

歴代の皇帝は死後の世界に情熱を捧げたらしく、生前に財をつぎこんで瀟洒な陵を築いた。フエ郊外には、ベトナム、中国、フランス文化がさまざまに融和した帝陵が散在している。

午門や太和殿の屋根の上には、陶磁器やガラス片で彩られた龍が装飾されている。

太和殿の「謁見の間」。80本ほどの朱塗りの柱が壮麗な屋根を支えている。

清朝最後の夢の楽園

❼頤和園、北京の皇帝の庭園

中国

アクセス 北京市内からバス、またはタクシーで約20分
所在地 北京市海淀区
登録名 Summer Palace, an Imperial Garden in Beijing

紀元前の秦漢帝国の時代から、中国の皇帝たちは広大な庭園をつくらせてきた。人工的に水を引いて築山をきずき、珍獣と樹木を集め、多くの瀟洒な建物を配する。それは自らの好みどおりに大規模な「自然」をつくりあげる、権力者ならではの楽しみであった。

とりわけ、十八世紀の清朝乾隆帝時代には、北京郊外に次々と大規模な離宮や庭園が整備された。そのひとつ夏の離宮清漪園《せいいえん》が頤和園《いわえん》の前身である。

この離宮は第二次阿片戦争中の一八六〇年に、英仏軍によって焼き尽くされてしまう。その後一八八八年に、清末期に最高権力を掌握した西太后《せいたいごう》が離宮を再建し、頤和園と改称した。中国造園芸術のひとつの到達点を示すといわれる珠玉の名園がみごとに蘇ったのである。

西太后の頤和園での最大の楽しみは、大戯楼で上演される京劇だった。西太后は大変な京劇好きで、お抱えの劇団をもっていた。大戯楼正面の頤楽殿が西太后の観劇の席。皇帝すらなかに入れず、廊下の外

で観劇したという。晩年は厳冬期以外紫禁城（故宮）に戻らず、ほとんどこの離宮で、内政、外交をとりしきった。

仏香閣。高さ20mの基台の上に41mの塔が立つ。

宝雲閣。銅亭とも呼ばれ、木造建築をまねてつくられた銅製の寺。

巨額の工費を要した頤和園の修復には、海軍費が流用されたというエピソードが残されている。このため軍事力の低下を招き、日清戦争に負けたというのだ。

一九〇八年に西太后は没し、一九一二年には清朝も終焉《しゅうえん》を迎える。頤和園は国を傾けてまでも造営された楽園だった。

る。昆明湖は人工湖で、乾隆帝の時代に２倍に拡張された。

頤和園の面積は日本の皇居の約12倍。庭園の南に昆明湖が広がり、北に万寿山があ

神の山に鎮まる徳川幕府の聖地

❽日光の社寺

日本

アクセス　ＪＲ日光線の日光駅、または東武日光線の東武日光駅下車。そこからバスで約5分
所在地　栃木県日光市
登録名　The Shrines and Temples of Nikko

鬱蒼とした杉木立のなか、ようやくたどりつく陽明門のきらびやかさ。まさに深い緑陰にさしこむ光のようだ。広大な関東平野を見下ろす男体山《なんたいさん》一帯の大自然は、新緑、紅葉、雪景色と四季それぞれにいろいろな表情を見せる。そして東照宮・輪王寺《りんのうじ》・二荒山《ふたらさん》神社という究極の人工美。これらが交じり合って錦織のような光景をつくりだす。

「あらたふと青葉若葉の日の光」。芭蕉の句がみごとに表現している。古代より神々の住まう山として崇められてきた霊場が変貌をとげたのは、徳川家康の遺言による。久能山から日光に御霊が移されたのだ。祖父家康への崇敬厚かった三代将軍家光は、東照宮を豪華絢爛な建物に仕上げた。総工費約五七万両、延べ六五〇万人の工人と約一年半の歳月。江戸初期建築の粋を集めた、いわば匠《たくみ》の技の展覧会といえようか。そこには、近世日本のあふれでるエネルギーが感じられる。

家臣や諸大名から寄進された鳥居、塔、灯籠、杉木立。ひきもきらず詣でる人びと。多くの魂に守られて家康はさぞ満足なことだろう。

東照宮東廻廊の破風（はふ）を飾る「眠り猫」。江戸初期の名工、左甚五郎作という。

東照宮神厩舎の欄間にある「三猿」。見ざる・聞かざる・言わざるの意を表す。

(ひぐらしのもん)。江戸期、庶民の参詣はここまでしか許されなかった。

500もの彫刻のある陽明門は東照宮の象徴。終日見飽きないことから、別名日暮門

ムガール帝国の栄華を語り継ぐ霊廟

⑨ タージ・マハル

インド

アクセス　デリーから飛行機で約45分。列車では特急で約1時間、急行で約2時間、アーグラ・カント駅下車
所在地　ウッタル・プラデッシュ州アーグラ
登録名　Taj Mahal

一五二六年、三〇〇年もの間何度もイスラムの王朝が入れ替わっていたインドに統一王朝が現れる。バーブルが建国したムガール帝国である。第三代アクバル大帝は領土を拡張する一方、ヒンドゥー教とイスラム教の融和を図ったので、帝国が発展するとともに、インドとイスラムの要素が溶け合う独自の建築が生みだされた。なかでもヤムナー川のほとりに優美にたたずむタージ・マハルは、インドでもっとも名高い建物で、ムガール帝国の黄金時代を世界中の人に物語っている。

　このタージ・マハルは、第五代皇帝シャー・ジャハーンがムムターズ・マハルのために建てた霊廟《れいびょう》である。シャー・ジャハーンの時代には、帝国の国威が最盛期にあった。彼はイスラム教徒としては珍しく彼女だけを愛した。愛妃が三七歳で世を去ると深く悲しみ、ペルシアやアラブからも職人を集めて白い大理石の霊廟建設に没頭した。壁面は貴石や色石の象嵌《ぞうがん》で飾られ、内部には大理石を透かし彫りにした繊細な障屏《しょうへい》をめぐらせている。また、廟の東西にはインド特有の赤砂岩

庭園に水を引くため河畔に建てられた。大理石は光によってさまざまな色に変化する。

建物は月光に照らされて幻想的な姿を見せる。

の建物、四隅に高さ四二メートルのミナレット（尖塔）、そして幾何学的な美しい庭園……。完成したのは二二年後の一六五四年であった。
彼は川を挟んで対岸に、黒大理石の自らの廟を建てるつもりだった。だが晩年は息子アウラングゼーブ帝によってアーグラ城に幽閉され、城の窓からタージ・マハルを眺めて過ごしたという。夢が叶《かな》わなかった彼の亡骸《なきがら》は、タージ・マハルの愛妃の傍らに埋葬されている。

簡潔で気品高いタージ・マハル。満月の夜には真夜中まで公開され、総白大理石製の

ロ－マ帝国に反旗をひるがえした女王の夢

⑩ パルミラの遺跡

シリア

アクセス ダマスカスからバスで約３時間
所在地 ダマスカスの北東約230km
登録名 Site of Palmyra

シリア砂漠の只中にあるパルミラは、東西世界を結ぶ重要な地点に立地している。さらに山からの湧水が豊富という条件をそなえ、古くから隊商の中継点として栄えていた。紀元前一世紀にはインド、ペルシア、メソポタミアから地中海へ、また南下してアラビアへと続くシルクロードの拠点として大いに発展する。二～三世紀頃には、ローマ帝国とパルティア、あるいはササン朝ペルシアと、対立する大国の間にあって、政治的にも重要な役割を果たしていた。

この頃パルミラの街には、一三〇〇メートルも列柱が連なる通りや豪華なベル神殿、記念門、劇場、大浴場、アゴラ（取引所）など、ローマ風の建造物が立ち並び、人びとは豊かな都市生活を送っていた。

ところが、三世紀半ばに王位についたゼノビア女王が、交易で得た莫大な富を背景にエジプトやアナトリアに進出する。当時ローマ帝国は、半世紀の間に自称皇帝も含め、七〇人もの皇帝が現れたほどの混乱期であった。女王は、ローマ史上「三世紀の危機」と呼ばれるこの

市街の中心部にある２世紀頃の劇場。48m幅の舞台が設けられている。

機に乗じてローマから独立する野望を抱いたのだ。しかし、二七二年、防衛強化策を打ちだしたアウレリアヌス帝のローマ軍にアンティオキアの戦いで破れ、翌年パルミラはローマ軍に破壊されて廃墟となってしまう。

その後長い間、所在のわからない伝説の地となっていたが、十八世紀に遺跡が発見され、ドイツ、フランス、アメリカなど各国の調査団によって精力的に発掘が続けられ、約一〇平方キロに及ぶ麗しい都が姿を現した。また墓地などからパルミラ独自の気品に満ちた彫像や彫刻が発掘され、ヘレニズム美術とガンダーラ仏教美術を結ぶ第一級の歴史資料として注目を集めている。

られた列柱通りと神殿跡などが広がる。山上に立つのはアラブの城塞跡。

砂漠のなかに残る都市遺跡がパルミラのゼノビア女王の気概を伝える。石灰岩でつく

遺跡が物語るローマ帝国の栄光

⑪ ジェミラ

アルジェリア

アクセス　アルジェまたはコンスタンチーヌから列車でセティフへ、そこからバス
所在地　セティフ県、アルジェの東方250km
登録名　Djémila

アルジェリアの山中にあるジェミラがローマの植民市となったのは、一世紀末のネルウァ帝の時代。彼に始まる五人の皇帝は「五賢帝」と呼ばれ、『ローマ帝国衰亡史』の著者ギボンが「人類史の至福の時代」と讃えるように、この時期、ローマ帝国は最大の領土を誇り、北はブリテン島の大半から、東はメソポタミア、アッシリア、そして地中海沿岸をスペインからぐるりと一周して北アフリカ一帯まで領有する。

帝国の各都市で快適な生活が送られたことは、このジェミラに残る遺跡からも十分に想像できるだろう。三世紀前半までに壮麗な神殿や凱旋門、市場、公共広場や道路、水道施設、劇場、大浴場、そしてモザイクで飾られた大邸宅などが次々と造営されていく。標高九〇〇メートルの高原地帯に典型的なローマ都市が築かれたのである。

なぜか六世紀には放棄され、七世紀に侵攻したアラブ人は廃墟と化したこの街を「ジェミラ」(アラビア語で美しいの意)と呼んだ。遺跡は美しい緑に囲まれ、ローマ帝国の権勢を無言のうちに伝えている。

城門に続く列柱道路は石で舗装され、1700年を経てもびくともしない。

北アフリカ出身のローマ皇帝セウェルス帝にちなんだ壮麗な神殿。

録されているが、街全体が保存されている例はきわめて少ない。

高原に残されたジェミラの古代遺跡。ローマ帝国の植民都市は、世界遺産にも多く登

サンクト・ペテルブルグの光と影

池田理代子

都市というものは、それが偉大なものであればあるだけ「専制」という野蛮な力によって築きあげられていることが多い。都市計画が行き届いた古い都市、などというのは洋の東西を問わず、強烈な指導力をもった独裁者の出現した時期につくりあげられているものである。

「石と水の都」の異名をとるロシアの古都、サンクト・ペテルブルグ(8ページ)もまた然り。青年時代にヨーロッパに旅してその文化に強い衝撃を受けたピョートル大帝が、十八世紀初頭、がむしゃらな強権を発動して築き

270万点もの美術品を収蔵するエルミタージュ美術館

あげた「ヨーロッパそのもの」のこの街は、重厚で陰影の濃い石の建造物が立ち並び、運河と美しい橋がその合間をめぐり、その壮麗なたたずまいは形容の言葉もないくらいだ。

　とはいえ、何もなかった泥湿地帯にこの美しい都を人工的に築くために、じつに二〇万人を超えるといわれる夥《おびただ》しい数の労働者たちが、あまりに過酷な工事の犠牲となって生命を落としたという事実を忘れることはできない。専制君主の暗い側面を見せつけられるようである。

　ピョートル大帝の事業を受け継いで、サンクト・ペテルブルグを、こんにち我々が知っているような世界に冠たる美術と文化の都につくりあげたのは、じつはロシア人の血をまったくひかないエカテリーナ二世である。

ドイツの片田舎からロシア皇太子妃としてやってきたエカテリーナは、当初、ロシア貴族たちの大半が（ことに女性が）文字も読めず芸術も科学も哲学も理解できなかったことに、おおいに驚き失望している。

そうしてエルミタージュ美術館をつくり、法律の整備を行い、多くの学校を建て、精力的にロシアの近代化を図るのである。ピョートル大帝によってつくられたサンクト・ペテルブルグという容れ物は、エカテリーナ二世によって魂を吹き込まれ完成されたといってよいだろう。

ちなみに彼女が任命したアカデミー長官は、帝位簒奪《さんだつ》のクーデターにも参加し、エカテリーナの片腕として活躍した、ダーシュコヴァ夫人という才女である。

エカテリーナの生きた時代は、ヨーロッパでも卓越した指導力と才能をもった女性たちが、めざましい活躍ぶりを示した時代であった。時代や政治体制が大きく変わるときには、つねに歴史の表舞台に煌《きら》めきを放って登場する女性の姿があるものだが、しかし、ソビエト連邦が解体し、ロシアがその名前を取りもどしたときから現在に至るまで、彼の国にそういった女性指導者の名前は聞くことができない。

アメリカに女性の大統領が登場するのはそう遠くない将来だと囁《ささや》かれている現在、エカテリーナ二世という巨大な女帝を生んだロシアに、早く国家元首の候補と目される女性がぞろぞろと現れてくれないものか、と待ち望んでいるこの頃である。

（いけだ りよこ　劇画家・声楽家）

エルミタージュ美術館内のバロック様式の装飾階段

だ。てっぺんには円錐形や球形、星形などのクサビ石がのせられる。

第二章 風土と暮らしを考える

アルベロベッロの住居トゥルッリ。石灰石を積み上げた灰色のとんがり屋根が特徴的

おとぎの国の家のように愛らしい屋根

⑫ アルベロベッロのトゥルッリ

イタリア

アクセス　バーリから列車で1時間40分
所在地　イタリア南部プーリア州
登録名　The trulli of Alberobello

この街並みを一度見たら忘れられなくなるだろう。白い漆喰《しっくい》壁の上に立ち並ぶ松ぼっくりのようなとんがり屋根。素朴な木のドアからは、言葉をしゃべるウサギやハリネズミがひょっこり顔をのぞかせそうだ。

しかし、これはれっきとした人間の住居。ここイタリア南部のプーリア地方に独特の、トゥルッリと呼ばれる住居建築である。トゥルッリとは「部屋ひとつ屋根ひとつ(トゥルッロ)」の複数形で、その名のとおり各部屋がそれぞれ屋根をもち、それがいくつか集まって一軒の家を形成している。つまり屋根を見れば、その家の部屋数がひと目でわかるというわけだ。家の床には石が敷かれ、壁を削った窪みに物を収納する。円錐形の屋根裏は、はしごをかけて物置に使われる。乾燥して日差しが強烈な土地だが、石造りの家のなかはひんやりと涼しい。

なぜこんな不思議な家々が建てられたのだろう。その形をさかのぼれば先史時代の巨石文化にまで行きつくという。だが、現在の家並みは十五〜十六世紀にできはじめたもので、どうやら当時の課税方法を

「美しい樹木」を意味するアルベロベッロの街に密集するトゥルッリ。

逆手にとった税金逃れの智恵に由来するらしい。その頃は屋根のある家が課税されたため、人びとは屋根を漆喰で固めない石積みでつくり、徴税人が来るたびに大いそぎで屋根を崩して「家じゃありません」と主張したというのだ。

現在アルベロベッロには、東西ふたつの地区に約一〇〇〇軒のトゥルッリが残る。西のモンティ地区は観光化され、トゥルッリは土産物店に利用されている。丘の頂上にはトゥルッリを模して建てたサン・アントニオ教会があり、隣はトゥルッリ文化博物館。東側はアイア・ピッコラ地区で、住居中心の静かな一帯だ。街の周辺にはオリーブ畑に農家のトゥルッリが点在し、見どころとなっている。

フィヨルドに臨む「スターヴヒルケの女王」

⑬ウルネスの木造教会

ノルウェー

アクセス　オスロからソグンダールまで飛行機で約45分、車でソールボーンまで20分、そこからフェリーで約20分
所在地　ソグン・オ・フィヨーラネ県
登録名　Urnes Stave Church

風土が建築様式を生む。このことを実感できるのが、極北のフィヨルドの奥にあるウルネスの教会だ。極寒とさかまく強風、自然の驚異にさらされながら、八〇〇年以上も立ちつづけている。

釘やネジを使わず、丸木の柱の上に井桁《いげた》を組んで骨組みとしている。スターヴヒルケと呼ばれる垂直に立てられた柱や壁板で支える、ヴァイキング時代からの建築法によるものだ。それゆえ「帆柱聖堂」とも呼ばれている。なかに入ると窓が極端に少なく、舟底を伏せたような天井と丸木柱の組み合わせが面白い。

内部の柱頭や入口、外壁には、北欧神話をモチーフとした、植物や鹿や龍が蔓《つる》のように絡み合う彫刻が施されている。ほかの地域のキリスト教建築には決して見られない、この地固有の文化が感じられる。

かつてノルウェーには一二〇〇もの木造教会があったというが、現存するのはわずかに二八。なかでもこの教会は最古でもっとも美しい。いくどか修復工事が重ねられ、創建当時の様式を守り伝えている。

自然環境になじんで立つ木造教会。急傾斜の３層の屋根が特徴的。高さ120m余。

ウルネスの木造教会の内部。右側の説教壇にも独自の木彫が見られる。

断崖にしがみつく「魔法にかけられた街」

⑭ 歴史的城壁都市 クエンカ

スペイン

アクセス　マドリードから直行バスで２時間、またはバレンシアから列車で３時間30分
所在地　カスティーリャ・ラ・マンチャ地方クエンカ県
登録名　Historic Walled Town of Cuenca

どうしてこんなところに住もうと思ったのだろうか。世界には見れば見るほどそういう疑問が湧き起こる場所がいくつもある。クエンカもその不思議のひとつである。

浸食が進んだ石灰岩の奇岩の台地に、ふたつの川に挟まれて断崖が連なっている。切り立った崖上に、数階建ての重厚な建物が並ぶさまはまさに壮観。この街は、九世紀にコルドバ防御のためにイスラム教徒が築いた要塞から発展したと聞くと納得がゆく。その後、キリスト教徒によって奪い返され、司教座が置かれてカスティーリャ王国の街として発展していった。手工業が発展し、人口が増えると、狭い土地においては建物は高層化するしかない。こうして複雑な小径が縫う幻想的な街ができあがったのだ。

宗教都市として繁栄したこの街には、十三世紀に建てられたゴシック様式の大聖堂を中心として多くの宗教建築が立ち並び、街全体が異空間を演出している。

有名な「不安定な家」。なかは抽象芸術美術館になっており、まさに不思議の館。

川の崖っぷちに立つクエンカの街並み。中世さながらの世界が広がる。

どこか懐かしいナシ族の木造の家並み

⑮ 麗江古城

中国

アクセス　昆明から飛行機で麗江空港。空港から市内まではリムジンバスがある
所在地　雲南省麗江ナシ族自治県
登録名　Old Town of Lijiang

少数民族が多く居住する雲南《うんなん》省。その北部にある麗江《れいこう》は、なかでもナシ（納西）族が集中して住む地域である。万年雪を頂く玉龍雪山《ぎょくりゅうせつざん》の麓、標高二四〇〇メートルの高所の町は気候に恵まれた爽やかな高原都市だ。四川《しせん》・チベットへの道が交差し、古くから交易が栄えた。

ナシ族は中国に約二八万人を数え、うち一五万人余りが麗江に居住する。「東巴（トンパ）文化」と呼ばれる高度な独自文化を継承しており、とくに絵文字に近い東巴文字が有名だ。東巴とはナシ族の司祭のことで、彼らが用いた教典に使われたのがこの文字だという。ナシ族はチベットや中国、また周辺のイ族、ペー族らの文化的影響を受けつつ、伝統音楽、ナシ舞踊、宗教的な麗江壁画など多様な文化をつくりあげた。その社会は女系家族で、今も通い婚の風習が残るという。商店に女主人が多いのも、そんなところに由来しているのだろうか。

麗江の旧市街（古城）には南宋時代から八〇〇年の歴史をもつナシ族の家並みが広がる。四方街を中心とするエリアは細い石畳の小径がど

石畳の路地。藍染めの民族衣装を着たナシ族の人々が行き交う。

こまでも伸びて瓦屋根の二階建て木造家屋がぎっしりと立ち並ぶ。その景観は不思議なほど日本の伝統的な家並みに似ており、無性に懐かしさがこみあげてくる。堀割には玉龍雪山の雪解け水が走り、しだれ柳が清流に趣をそえている。

市街地の北には清代にはじまる玉泉《ぎょくせん》公園がある。広々した湖に明代創建の五鳳楼《ごほうろう》や白い玉龍雪山が映るさまは美しい。この山はナシ族の信仰する神々が住む聖地とされている。

甍(いらか)の波がどこまでも続く麗江旧市街。ひと昔前の日本に驚くほど似ている。

豪雪地帯の生活が育んだ建築と文化

⑯白川郷・五箇山の合掌造り集落

日本

アクセス　白川郷：ＪＲ城端線城端駅からバスで約１時間30分。五箇山：ＪＲ城端線城端駅からバスで約30分
所在地　岐阜県大野郡白川村、富山県東礪波郡上平村・平村
登録名　Historic Villages of Shirakawa-go and Gokayama

岐阜県と富山県にまたがる飛騨山地。その山間《やまあい》、庄川の渓谷沿いに散在する村落は、日本有数の豪雪地帯として知られる。戦後、電気や道路が整備されるまで、冬には孤立してしまう「秘境」であった。

急勾配の茅葺《かやぶ》き屋根を特徴とする合掌造りは、強風に吹かれても大雪が積もってもびくともしない。横木と縦木を留めるのに柔軟性に富んだ木材を用い、釘は一本も使わずくさびや留め栓を多用する。自然に逆らわないよう工夫された家屋は、昔の人たちの豊かな知恵の塊だ。

合掌造りの基本の形が生まれたのは、養蚕が盛んになった江戸中期以降と考えられている。多層になった屋根裏は、養蚕の作業場や食糧の保存所として使われていた。

見上げるばかりの大屋根は、三〇年に一回の割で葺き替えられる。必要とする茅はトラック二〇台分。地域住民約二〇〇人が集まり、共同作業「結《ゆい》」によって行われる。また、防火当番が毎日見回るなど、山村で暮らす人々は、今も協力しあって伝統文化を守っている。

雪の白川郷荻町の集落。合掌造りの民家や景観保全のため住民憲章を制定している。

合掌造りの一階は生活の場。囲炉裏の上には「火アマ」という板の覆いを吊す。

天まで続くような田んぼの大景観

⑰フィリピン・コルディレラの棚田

フィリピン

アクセス　マニラからバナウエまでバスで９時間
所在地　ルソン島北部セントラル山脈の中央東部に位置するイフガオ州バナウエ周辺
登録名　Rice Terraces of the Philippines Cordilleras

日本でもおなじみの棚田の風景だが、コルディレラの規模は想像を絶するものがある。なにしろ棚田の石垣の囲いの長さを合わせると、地球の半周、二万キロにも達するという壮大さである。

ルソン島北部の山岳地帯に連なるコルディレラ山脈。海抜一〇〇〇～二〇〇〇メートルの山腹は見渡すかぎり開墾されている。この光景が「天国への階段」と呼ばれるのも決して誇張ではないと思えるほど。

ここでは二〇〇〇年も前からイフガオ族が独自の稲作文化を築きあげてきた。緩やかな傾斜地を選び、一段一段平らにならして田んぼを切り拓く。田の幅は、わずか二メートルのものもある。棚田にくまなく水をゆきわたらすため、節をくりぬいた竹筒を用いて湧き水を引いている。また高地用に寒さに強い品種もつくりだされた。こうして山頂付近から谷間の低地まで豊かな稲の実りを生むことになったのだ。

イフガオ族は、フィリピンがスペインやアメリカの支配下にあったときも、祖霊信仰を守り、高床式の住居に住む伝統的な生活を続けて

どこまでも棚田が続く壮観さ。

イファガオ族の高床式住居。

きた。ところが、フィリピン政府が東南アジア最大のダム計画を発表し、耕作地のいくつかが水没の危機に瀕した。そこでユネスコは一九九二年に世界遺産登録の新しい認定基準として「文化的景観」の一項を設け、コルディレラを登録した。世界遺産の意義を深めたという点においても、この棚田のもつ意味は大きい。

人にはとくに懐かしさを覚えさせる光景だ。

ルソン島北部コルディレラ山脈の一角、バナウエに広がるみごとな棚田の景観。日本

重層する砦の景観が圧巻

⑱ アイト゠ベン゠ハッドゥの集落

モロッコ

アクセス　マラケシュからワルザーザートまでバスで５～８時間、そこから車で約30分
所在地　アトラス山脈の南、ワルザーザート近郊
登録名　Ksar of Aït-Ben-Haddou

映画『アラビアのロレンス』や『ナイルの宝石』のロケ地と聞くだけでドラマチックな舞台を想起させ、胸が高鳴るではないか。ピーター・オトゥールやマイケル・ダグラスが、この迷路のような村を颯爽と歩いたのだ。

アイト゠ベン゠ハッドゥは、モロッコの高地、高アトラス山脈の中腹に位置している。このあたりはベルベル人の世界、南にサハラ砂漠をひかえてオアシスが点在するロケーションである。

遠くからこの村に近づくと、村の性格がひと目でわかる。日干しレンガの建物がぎっしりと並んだ城塞（カスバ）なのである。このような要塞化した村は「クサール」と呼ばれている。泥土を固めただけの建物は、美しい赤褐色。陽に染まると幻想的な光景を呈し、要塞という本来の用途をつい忘れてしまうほどである。

村全体は防壁で囲まれ、塔には銃眼がのぞく。また、何階建てにもなった壁には、ひとつひとつ多様な装飾模様が施されている。家を守

防壁の内部には、装飾模様のある日干しレンガの家や塔が立ち並ぶ。

る扉は木でできているが、それにも彫刻模様があり、村全体が不思議な景観を見せている。山頂には倉庫となっている塔のような建物があり、有事には村を守る役割を担っている。

現在、この村には数家族しか住んでいない。大半の人たちは、川を隔てた村に越してしまったのである。しかし、周辺のクサールが廃墟と化していくなかにあって、ここは修復作業が進められたため、もっとも保存状態がよい。日干しレンガは、われわれが思うよりはるかに耐久性があるようだ。

曲がりくねった道をたどると、自分が映画のなかにいるような錯覚をおぼえてしまう奇妙な村である。

周囲には小麦畑やアーモンド、ナツメヤシなどの木々が広がる。

山腹に身を寄せ合うように立つ、モロッコの要塞村アイト=ベン=ハッドゥの家並み。

呪術の世界が生きる絶壁下の村

⑲バンディアガラの断崖（ドゴン族の集落）

マリ

アクセス　バマコから飛行機でモプティへ。そこからミニバスで約２時間
所在地　マリ中部、モプティの南東
登録名　Cliff of Bandiagara (Land of the Dogons)

標高差五〇〇メートルの絶壁下に張りつくようにして住むドゴン族。西アフリカ、マリ共和国の先住民族と考えられている彼らは、まったく独自の世界観をもって生きてきた。

ニジェール川流域に広がるバンディアガラ山地は花崗岩質で、河岸は切り立った崖になっている。ドゴン族は一三〇〇年頃から、ここにひっそりと暮らしている。それゆえ、イスラム化の嵐や戦禍、また十八〜十九世紀の奴隷商人の罠《わな》からも逃れることができたという。

藁《わら》でできた帽子を被った倉庫、神秘的な文様が散りばめられた民家の壁、彼らの集落の姿はまったく特異であり、見ていると、それ自体が伝説のなかの光景のように思われる。事実、ドゴン族は「アンマ」という創造神が粘土の塊を投げつけて天地ができたとする神話を伝承し、今も占い師が地面に描いた図形上に残すジャッカルの足跡によって、村の重要事項を決している。六〇年に一度、シリウス星が太陽に近づくときに行われる祭りなど、彼らの生活は謎に満ち満ちている。

泥の壁に藁の屋根、これらは崖下に密集して建てられたドゴン族の穀物倉庫である。

サハラの大旱魃や観光開発の影響を受け、伝統的な生活を維持することは難しい。

洞窟内に描かれた壁画。ドゴン族は文字をもたず、仮面や木彫を伝承してきた。

ユニークな世界遺産

「世界遺産」といって思い浮かぶのは、古代遺跡、歴史的な街並み、宗教建築、王宮と城、それに自然遺産というのが一般的なところだろう。そこで、ここでは「えっ、こんなものも！」と、ちょっと驚くような、世界遺産のバラエティの広さを紹介したい。

ニューヨークの入口に立つ自由の女神像

彫像として、おそらく世界でもっとも有名な、あの「自由の女神像」も、世界遺産に登録されている。像が単独で世界遺産のリストに採択されている唯一の例である。

ニューヨーク湾内のリバティ島に立つ女神像は、独立一〇〇周年を祝って一八八六年にフランスから送られたもの。世界中からの移民がはじめて目にする「自由の国アメリカ」である。フランスの法律学者の発案で、像の制作のため、フランス全土で募金活動が行われ、彫刻家F・バルトルディが設計。王冠の七つの突起は「七つの大陸と七つの海に自由が広がる」ことを意味し、右手に自由を表すたいまつ、左手に独立宣言書、両足で奴隷制と独裁政治を意味する鎖

セーヌ川から見るノートル・ダム大寺院

を踏みつけている。像の高さ四六メートル、台座を含めると九三メートルもある。バルトルディは、スエズ運河に巨大な像兼灯台を設置する計画に参加、挫折していたが、この像では展望台と灯台のふたつの機能を実現した。

　世界遺産の登録名としてユニークなのは、「パリのセーヌ河岸」。古代ローマ時代にセーヌ川のシテ島に城塞がつくられたのが、パリのおこりであり、その後のパリの栄光を見つめてきたのは、この川であったということをよく表している。サン・ルイ島の東端に架かるシュリ橋から左岸にシャイヨ宮のあるイエナ橋までが世界遺産に登録されており、河岸にはノートル・ダム大聖堂、ルーヴル宮、コンコルド広場、エッフェル塔と、世界的に著名な歴史的建造物が並び立つ。セーヌ川を遊覧船でめぐると、この街の華やかさや歴史の重みを実感できる。

　フランスのルイ一四世時代の威光を示す交通システム「ミディ運河」も特異な世界遺産である。フランス南西部トゥールーズからミディ・ピレネーの分水嶺を越え、地中海に面するトー湖まで二四〇キロメートルにも及ぶ壮大な規模の大陸横断運河である。古くはローマ帝国の皇帝ネロの時代からこのルートの運河の構想があったといわれるが、実現したのは徴税官にして天才的な技術者ポール・リケ。一六六六年に着工、一六八一年に完成。大蔵大臣コルベールの援助があったとはいえ、個人が情熱と私財を投じて完成させたということに驚かされる。

　当時の学問を融合させ、景観や環境まで考慮したプロジェクトで、周辺に四万五〇〇〇本の植樹を行った最先端の事業であった。約一週間の船旅で南仏の自然を楽しみながら、運河の全貌を見ることが可能である。

ミディ運河はヨーロッパの運河クルーズのメッカ

　交通といえば、一九九九年に世界遺産の仲間入りをした「ダージリン・ヒマラヤ鉄道」には、鉄道ファンならずとも、ぜひ一度乗ってみたい。
　ヒマラヤ山脈の麓、紅茶で名高いダージリンとニュージャルパイグリを結ぶ山岳鉄道は、一八八一年に開通した。天気がよいとエベレストも望めるという景勝地を小さな蒸気機関車が牽引し、八八キロメートルの区間を約八時間かけてゆっくりと走る。ここでは、十九世紀の時の流れに身をゆだねて旅を満喫しよう。

街並みすれすれに走るダージリン・ヒマラヤ鉄道

り、地中海の青色は刻々、その濃淡を変える。

第三章 自然の不思議に驚く

コルシカ島西北部にあるリアス式海岸は、複雑に入り組んで多様な湾や入江を形づくく

地中海の海と陸の自然が調和する

⑳ コルシカのジロラッタ岬、ポルト岬、スカンドラ自然保護区

フランス

アクセス　パリから飛行機で約1時間30分でアジャクシオ着。そこから車で約1時間30分
所在地　コルス地方オート・コルス県
登録名　Cape Girolata, Cape Porto, Scandola Natural Reserve and the Piana Calanches in Corsica

かのナポレオン・ボナパルトの生地として名高いコルシカ島は、島の中央を二〇〇〇メートル級の山々が南北に連なって海岸線まで迫り、切り立った断崖を形成しているところから、「地中海に浮かぶ山」と呼ばれている。とりわけ島の西北部の景観はみごとで、ジロラッタ岬とポルト岬、スカンドラ自然保護区が世界遺産に登録されている。

リアス式に入り組んだ海岸の突端にたたずむポルト岬は、海面からの高さが一二〇〇メートル。ローズ色の斑岩の絶壁に囲まれて佇立《ちょりつ》している。その北方に位置するジロラッタ岬は、マキーと呼ばれる潅木のブッシュが、海の青、花崗岩の赤と、鮮やかな彩りを成す。

スカンドラ自然保護区には、ジロラッタ湾の西のスカンドラ半島と周辺の海域が含まれる。半島は猛禽《もうきん》類のミサゴやハヤブサ、ヒゲワシの貴重な聖域で、海には美しいサンゴ礁と多くの魚が生息している。

また、ローマ人、イスラム、ピサ、ジェノヴァと領主が転々とした島には、それぞれの時代を物語る歴史的建造物も残されている。

スカンドラ自然保護区の海中20mを泳ぐスズメダイの仲間。

イソギンチャクの一種。

保護区南部海中にすむピンクのクラゲ。

海中には数々のサンゴが。

コルシカ島西北部、ポルト岬に連なる断崖の量感には圧倒される。

白夜とオーロラの地に生きるラップの人びと

㉑ ラップ(サーメ)人地域

スウェーデン

アクセス　ラップランド最大の街キルナまで、ストックホルムから飛行機で約１時間。列車で約19時間。そこから車
所在地　ノルボッテン県
登録名　The Lapponian Area

夜空に光が妖しく踊るオーロラ。太陽が没することなく地平線にゆらぐ白夜。私たちにはロマンチックな想像をかきたててくれる自然現象だが、ラップ（サーメ）人たちが暮らすラップランドは、北緯六六度三三分以北の北極圏、九月中旬の降雪から翌年五月中旬の雪解けまで、一面を氷雪に覆われる極寒の地である。

この地では、サレク、ムッドスパジェラントなどの国立公園を含む広大な自然と、およそ五〇〇〇年前から住みはじめたといわれるラップ人独特の文化とが、複合遺産として登録されている。ヒースやアンゼリカなどの植物が群生し、ライチョウやシロフクロウなどが生息する山裾や峡谷。ラムサール条約で保護されている湿原地帯。呪術的な意味合いをもつヨイクと呼ばれる伝統音楽やラップ人の伝統工芸。過酷な自然と、あえてそのなかで生きることを選んだ人々が伝えてきた文化を、同時に知ることができるこの貴重な地域に、今なお、北欧三国で約四万人のラップ人が北極圏の厳しい自然と共生している。

プ人はそれまでの狩猟生活から、飼育、繁殖させる遊牧生活へと移った。

サレク国立公園内に生きるトナカイの群れ。野生のトナカイは17世紀に激減。ラッ

ラップランド、サレク国立公園の短い夏には登山客が訪れ、大自然を楽しむ。

活火山が脈動するユーラシア大陸の東端

㉒カムチャツカ火山群

ロシア

アクセス　ハバロフスクからの定期便を利用。約２時間30分のフライト
所在地　カムチャツカ州
登録名　Volcanoes of Kamchatka

カムチャツカ半島は、オホーツク海とベーリング海を分かつべく太平洋に射込まれた鏃《やじり》のように、ユーラシア大陸の東部、ロシア連邦の東端から突き出ている。鏃の先端から千島列島を経て「火山列島」日本へとなぞってみれば、なるほどこの地が環太平洋火山帯の一部であることが判然とする。

火山群は主として、半島中央部から南部にかけての東側、ベーリング海沿岸に集中している。遺産登録された火山群は五つの自然公園や生物圏保護区を含むが、火山活動が活発なのは、国立クロノツキー生物圏保護区と南カムチャツカ自然公園に属する山が多い。現在、二八座の活火山が活動を続けているが、とりわけ、ともに火山学者であるデッカー夫妻に「世界でもっとも美しい火山」と、その円錐形の山姿が讃えられたクロノツキー火山（三五二八メートル）は名高い。

火山と並んで注目すべきなのが、この地の動植物相である。クロテンやアメリカミンク、クズリなどの哺乳類、イヌワシ、カナダガンな

活火山のベズミャンヌイ山（右）。

どの鳥類も多種にわたり、ツンドラや亜寒帯の針葉樹であるカラマツやモミ、ポプラ、固有種アツモリソウなどの植物群も豊富である。

一時、鉱山開発などの生態系への影響が危惧されたが、現在では公的保護が施され、絶滅の危機にある動植物を守る懸命な努力がなされている。

は、酸性度がきわめて高い。

カムチャツカ火山群にあるマールィセミャーチックの火口湖。鉱物が混じり合う湖水

雪と氷、森と湖が織りなす一大パノラマ

㉓カナディアン・ロッキー山岳公園群

カナダ

アクセス　バンフへはカルガリーからバスで２時間、列車ではヴァンクーヴァーから約19時間30分。ジャスパーまで列車で約16時間30分
所在地　アルバータ州、ブリティッシュ・コロンビア州
登録名　Canadian Rocky Mountain Parks

厚さ一キロにも及ぶ大氷原。ターコイズ・ブルーに輝く湖沼。地球の年輪であるかのような地層をむきだしにして連なる岩峰。太古のままの針葉樹林。陽光にきらめく白雪。年間九〇〇万人もの観光客を集めるカナディアン・ロッキーの山岳公園群に広がる大自然は、その雄大な景観で訪れる人びとを魅了し圧倒する。

ロッキー山脈は、北アメリカ大陸の西部を、カナダからアメリカとメキシコの国境近くまで南北に貫く。カナディアン・ロッキーは、そのカナダ国内部で、アルバータ州とブリティッシュ・コロンビア州にまたがり、七つの自然公園を含む山岳公園群の総面積は二万三四〇一平方キロと、途方もない広さだ。バンフ国立公園は、一八八七年に指定を受けたカナダ最初の国立公園で、公園群観光の拠点地。北上すると、コロンビア大氷原を有する氷河と野生動物の宝庫、ジャスパー国立公園に至る。エルクやグリズリー、ビッグホーンなど大型の哺乳類の生息地として知られている。

バンフ国立公園のモレイン湖からカナダの紙幣にも登場するテン・ピークスを望む。

鳥が魚を捕るのに格好の条件を備える。周辺にはアメリカビーバーがすむ。

カナディアン・ロッキーのバンフ国立公園にあるヴァーミリオン湖。水深が浅く、水

巨大なカルデラは世界初の国立公園

㉔ イエローストーン

アメリカ

アクセス　ソルトレーク・シティからウエスト・イエローストーンまで飛行機で約1時間30分
所在地　ワイオミング州北西部とモンタナ州、アイダホ州の一部
登録名　Yellowstone

　イエローストーンは、一九九五年一二月、ユネスコによって、緊急な保護措置が必要とされる「危機にさらされている世界遺産リスト」にリストアップされた。公園の近くで行われている石油や天然ガスの採掘調査が、この地の環境を汚染し、生態系を侵しているとの判断からだった。ユネスコが、とりわけイエローストーンに熱い視線を寄せるのには、理由がある。イエローストーンは一八七二年、世界で最初に誕生した国立公園で、このときにアメリカが制定した国立公園設置に関する法律が、世界各国の国立公園指定のモデルになったという経緯があるのだ。本家本元を汚すわけにはいかない。

　イエローストーンはまた、アメリカ最大の国立公園でもある。ロッキー山脈中央部に位置するこの地には、かつて巨大な火山があり、およそ六〇万年前の大噴火で長径七五キロの世界最大のカルデラができた。公園の大部分は火山性の高原地帯で、現在もマグマが地下約四八〇〇メートルの地中に迫り、数々の熱水現象を起こしている。

湯のなかでも活動する微生物の働きで、鮮やかに輝くエメラルド・プール。

マンモス・ホット・スプリングの熱湯の石灰分が階段状に凝固したテラス。

トーン、ミネルバ・スプリングス。

オールド・フェイスフル間欠泉。

一時間余りの間隔で吹き上げる名高いオールド・フェイスフル間欠泉、温泉に洗われるテラスマウンテンなどの熱水現象は、世界中でほかには見られない、この公園の魅力である。

周囲に広がる大平原は、アメリカバイソン、グリズリー、ヘラジカ（ムース）など大型動物の聖域でもある。

雪や氷柱と、湧き出し流れる温泉の湯煙が幻想的な風景をかもしだす冬のイエロース

原始の森と太古の海岸を残すアメリカの秘境

㉕オリンピック国立公園

アメリカ

アクセス　シアトルから車（フェリー利用）で約2時間30分
所在地　ワシントン州北西部のオリンピック半島
登録名　Olympic National Park

オリンピック国立公園は、アメリカ西海岸の最北の州であるワシントン州の北西部、地図上ではわずかに太平洋に突き出ているオリンピック半島に位置している。公園の中心は半島の中央にそびえるオリンパス山（標高二四二八メートル）で、生態学的には、この山周辺の山岳地域、山裾に広がる温和な気候の多雨林地帯、そして太平洋に面した海岸地域の三つに分けられる。それぞれの地域が特有の自然に恵まれ、その変化に富んだパノラマを楽しみに、訪れる観光客も多い。

オリンパス山を中心とした連山は、六〇もの氷河と多くの急流によって深い谷が刻まれ、亜高山帯の広大な高山牧草地にはベイツガや野草、そして花々が美しく咲き乱れている。一方で、太平洋沖の冷たいカリフォルニア海流から立ち昇った湿った空気が、オリンピック山地にぶつかってもたらす降雨に育まれた多雨林地帯には、ほかに類を見ない針葉樹林帯が続く。とりわけアラスカヒノキ、ベイツガ、アメリカトガサワラの原生林は世界最大の規模を誇っている。木々の幹はコ

ハリモミの森の夕景。20世紀初頭から保護されてきた森林は広く深い。

ケ類や地衣類に覆われ、シダやキノコが地上に這う。また、原生林には、ルーズベルトジカやピューマ、カナダカワウソをはじめ、絶滅の危機にあるロッキー山脈原産のシロイワヤギも姿を見せる。

海岸地帯に目を転じると、そこは何千年も前のアメリカ西海岸そのまま。切り立った海岸の崖にまで森林が迫り、干潟の周囲には岩々が無骨な姿をさらしている。海辺ではゼニガタアザラシが遊び、沖には年に二度、回遊途中のコククジラの姿が見られる。そして、空にはアメリカ合衆国の国鳥ハクトウワシが悠然と舞う。豊かな動植物の生息地であるこの公園は、さながら古代の忘れものであるかのようだ。

倒木もシダに覆われ、まるで妖精が住みそうな趣である。

オリンピック国立公園内の温帯雨林。コケ類や地衣類がまといつき、地面に横たわる

自然と時間がつくりあげた「地底世界」

㉖カールズバッド洞窟群国立公園

アメリカ

アクセス　アメリカ各地の空港を経由してエル・パソへ。そこから車で約３時間
所在地　ニュー・メキシコ州南東部、テキサス州との州境付近
登録名　Carlsbad Caverns National Park

アメリカ南西部、ニューメキシコ州の荒涼とした大地の地下に、八〇もの洞窟が穿《うが》たれていて、不思議で幻想的な「地底世界」を形づくっている。一九〇一年に偶然発見されたカールズバッド洞窟である。

現在、一般に見学が許されているのは、カールズバッド洞窟とスローター・キャニオン洞窟の一部だけ。前者が最大級で、総延長は三〇キロを超え、最深部は海面下三一二メートルにも達する。洞窟見学には、徒歩でたどるのとエレベーター利用との二コースがある。

洞窟内には鍾乳石や石筍《せきじゅん》、石柱がさまざまなオブジェとなって立ち並ぶ。「メイン・コリドー」には「悪魔の泉」「魔女の指先」、ビル七五階分を下った地点にある「シーニック・ルームズ」の「太陽の神殿」「妖精の国」、ほかにも「食欲の丘」「鯨の口」など自然と時間による造形の妙に印象的な命名がなされている。ハイライトは地下二二九メートルの「ビッグ・ルーム」。サッカー場一四面分の広さで世界最大、また、レストランやコンサートホールもある。

石筍や石柱が形づくる空間は、まるでSF映画のセットのようだ。

多様な生物が生きるアマゾン源流の密林

㉗ マヌー国立公園

ペルー

アクセス　アメリカからリマを経由してクスコへ。そこからはツアーが出ている
所在地　ペルー南東部、リマの東約650km
登録名　Manu National Park

昆虫や甲殻類、ムカデなどの節足動物が五〇万種などと聞くと、思わず体にかゆみを覚えはしまいか。いや、悪趣味でいうのではない。それほどにこの地は、地球上でもっとも多様な生物の種を擁している と、たとえたいだけだ。マヌー国立公園はペルー東南部、アマゾン源流の支流の一本であるマヌー川流域に広がる熱帯雨林保護区である。

公園総面積は一万五三二八平方キロ。その九〇パーセントは多彩な動植物の生態系を守るため一般の立入りが禁止されている。ペルー政府の保護政策にもかかわらず、ウーリーモンキーの一種やエンペラータマリン、アカウアカリといったサル、オセロットやオオアリクイなどの稀少動物が絶滅の危機に瀕している。やはり激減の道をたどっているのが、先住インディオが「川の狼」と呼ぶオオカワウソ。観光許可地域でも、まれに見られるというが、保護策が急がれている。

公園内には、マチゲンガ族、ヤミナワ族、アマウアカ族などの先住インディオがマヌーの自然と共存し、昔ながらの生活を営んでいる。

公園内には13種のサルが生息している。写真はリスザル。

全長90cmの七色をした羽をもつベニコンゴウインコ。

富むといわれる、生命を育む熱帯雨林地帯である。

アマゾン源流の密林を蛇行して流れるマヌー川流域。世界でもっとも生物の多様性に

多様性の森・熱帯雨林

湯本貴和

まだ暗いうちから、ホエザルの声が遠くから響いてくる。マヌー（ペルー、108ページ）の夜明けだ。朝の冷気を感じながら、熱帯雨林の小路を歩きはじめる。マヌーは、南米でも数少なくなった本当の野生に出会える場所のひとつである。オセロットやオオカワウソ、オオアリクイなど絶滅に瀕している動物の貴重なすみかだ。

私はこの一五年間、アフリカや東南アジア、南米のさまざまな熱帯雨林を訪ねて、植物や動物の多様性、とくに生物どうしが互いに依存しあう共生の研究を行ってきた。熱帯雨林を構成する植物の多くは、花粉の媒介や種子の散布を動物に依存している。私たちが日

絶滅の危機にあるヒガシローランドゴリラ　撮影・湯本貴和（115ページも）

にする熱帯特有の花や果実は、気の遠くなるような長い時間をかけて、植物が動物を効率よく利用するように進化させてきたものだ。色鮮やかな花びらや甘い花の香りは、遠くから動物を引き寄せるように、おいしい果肉と堅い種子は、動物に餌を提供して種子は無傷で運んでもらうように、何千万年かの年月が生み出したものである。個々の動植物は、網の目のように入り組んだ生物の関係のなかでのみ生きながらえ、進化を続けてきたのだ。

熱帯雨林は全地表面積の三パーセントを占めるにすぎないが、地球上の生物種の半数以上を擁するとされている。たとえば、一平方キロの狭い面積に、日本の北海道から沖縄にかけて分布する樹木と、同じだけの種数を含む林が知られている。また、一本の木に四三種ものアリが確認されたこともある。この多様性を支えるうえで、共生の果たす役割は少なくない。

現在、熱帯雨林は急速に失われつつある。熱帯雨林とともに、未だ知られていない生物も消えていく。私は歴史の証ともいえる共生関係が失われないうちに明らかにし、熱帯雨林の多様性を守る手だてを講じる一助としたいと考えて、各地に残る熱帯雨林を駆けめぐってきたのである。

一九九九年までに登録された世界遺産六三〇のうち、熱帯雨林を主とした遺産は二三件である。このうち、中央アフリカのコンゴ東部にあるカフジ＝ビエガ国立公園は、私の経験した最初の熱帯雨林である。ここで私は、森林に住むヒガシローランドゴリラやマルミミゾウによって果実が食べられ、種子が運ばれる植物の調査を約二年間行った。しかし八年前に約一万四〇〇〇頭いたヒガシローランドゴリラは、長引く内戦の影響で二〇〇〇頭から三〇〇〇頭にまで減っているとみられている。ここに住むゴリラの未来、ゴリラやゾウに散布を頼る森の未来を、私たちは救えるのだろうか？

ゾウによって種子が散布されるクワ科の巨大果実　カフジ=ビエガ国立公園

ヒトもまた古くからの熱帯雨林の住人である。しかし、多くの自然遺産地域では先住民が住むことが許されていない。そのなかでマヌーは、マチゲンガ、ヤミナワ、ピーロ、アマウアカといった先住民が暮らす数少ない自然遺産である。彼らは幾十世代にわたって熱帯雨林に住み、狩猟採集を生活の糧としてきた。現在、彼らは伝統的な生活を守りながら、エコ・ツアー（生態系を守りながら、自然を体験する観光旅行）のガイドや手工芸で身を立てている。

膨大な動植物に関する知識は文字として残らず、生活が森から離れると急速に失われてしまう。長い間、熱帯雨林と共存してきた彼らの知恵は、ヒトがいかに森と関わるかのモデルである。これらは無形だが、貴重な遺産の一部であることを強調したい。

（ゆもと　たかかず　京都大学生態学研究センター助教授）

湖に崩れ落ちる巨大な氷河のスペクタクル

28 ロス・グラシアレス

アルゼンチン

アクセス　リオ・ガジェゴスからカラファテまで飛行機で約40分。あとはツアーを利用
所在地　パタゴニア地方南部、サンタ・クルス州
登録名　Los Glaciares

ロス・グラシアレス。スペイン語ですばり「氷河」を意味する。この地ではまさに氷河が主役、氷河こそが驚嘆に価する自然遺産なのだ。

南アメリカ大陸の最南端、アルゼンチンのパタゴニア南部に位置し、チリとの国境沿いに南北に細長く広がる自然保護区である。ロス・グラシアレスの氷河地帯は、南極大陸、グリーンランドに次いで世界で三番目の氷河面積をもっている。

パタゴニアでは、風は西から吹きつける。南半球の強い偏西風が太平洋の湿気を含んだ雲を運び、アンデスの山々にぶつける。雲がはらんだ水蒸気は雪と化し、夏でも吹雪となってロス・グラシアレスに降り積もる。積もり重なる雪の重みで下層の雪は凍り固まり、氷河を形成していく。

このような連鎖のなかで、夏、氷がゆるんで分水嶺を滑り、なだれをうって湖に落ちる。アルヘンティノ湖の北西に流れこむウプサラ氷河は、高さ一〇〇メートル、幅五キロ、全長八〇キロ以上と、自然公

透明度が高く気泡の少ない氷は、青色だけを反射する。グレイ氷河で。

園内で最大規模。湖の西には一年に六〇〇〜八〇〇メートルも動く活発なペリト・モレノ氷河が流れこむ。高さ八〇メートルもの氷壁が雷鳴のように轟《とどろ》き崩落するそのさまを、展望台やクルーザーから見ることができる。

山岳部に大雪が降るように、低地では雨量が多く森林地帯が広がる。この地特有のミナミブナやニレ、イトスギが密林となり、ピューマ、パンパギツネなどが生息する。小型のシカ、プーズーとゲマルジカは絶滅が危惧される貴重な種だ。パンパと呼ばれる、一見荒涼とした平原にはラクダ科のグアナコ、パタゴニアスカンクが、水辺にはヌートリアやアシカの一種オタリアなどが生息している。

先住民がチャルテン(煙を吐く山)と呼ぶ標高3375mのフィッツ・ロイ山。

ロス・グラシアレスの氷河。谷を削り湖に流れこみ、長年の間にフィヨルドを刻む。

恐竜を思わせるオオトカゲの楽園

㉙ コモド国立公園

インドネシア

アクセス　バリ島から飛行機でスンバワ島まで行き、そこからバスで2時間のサペ港から船で6時間
所在地　バリ島の東の島々周辺
登録名　Komodo National Park

その怪異な姿から中生代に生きた恐竜に模され、コモドドラゴンとも呼ばれる世界最大のトカゲ、コモドオオトカゲの生息地である。

コモド国立公園は、インドネシアの首都ジャカルタのあるバリ島東方の海上に浮かぶ小スンダ列島の、コモド、パダル、リンチャの三島と周辺の海域からなっている。

オオトカゲはおよそ六〇〇〇万年前には地球上に存在していたといわれ、現在、三一種、五八亜種が南半球を中心に分布している。コモドオオトカゲはオーストラリアのレースオオトカゲやオオトカゲとの交配種で、唯一この地にのみ生息している。体長二〜三メートル、体重一〇〇キロ超、野生のブタやシカを倒して食すほどに強靭だが、普段は比較的おとなしい。メスは一回に直径一〇センチもある卵を二十数個生む。保護のため捕獲は厳しく禁止されている。

公園周辺の海域は美しいサンゴ礁が広がる海洋生物の保護区。豊富な魚類、甲殻類の生息地で、クジラやイルカが回遊しウミガメが舞う。

草地と灌木のサバンナ、熱帯雨林にマングローブの林もあるコモド島。

コモド島では自然保護局員が同行する観察ツアーに参加できる。

人類の起源を教えてくれる水のない湖群

㉚ウィランドラ湖群地域

オーストラリア

アクセス　メルボルン、シドニー、キャンベラなどから車でアクセス。または列車でヘイまで行き、そこから車
所在地　ニュー・サウス・ウェールズ州南西部、シドニーの西500km
登録名　Willandra Lakes Region

あるいは撓《たわ》み、歪《ゆが》む。そして直立し、かつ傾斜する。SF映画に描かれる未知の惑星の地表のようなこれら砂の堆積層は、太陽の傾きにつれ、赤色に、赤紫色に、さらに褐色にと、刻々その相貌を変えてゆく。湖と名がつくが、一滴の水もない。しかし一万五〇〇〇年前の最後の氷河期が終わるまで、ここには満々と水をたたえた湖が存在した。今、眼前に広がる荒涼とした風景は、大陸の急激な温暖化によって乾燥した、かつてのウィランドラ湖群の湖底であり、湖畔なのである。

この特異な砂丘のなかから、一九六八年、二万六〇〇〇年前に火葬して埋葬された女性の人骨が発見された。ホモ・サピエンス・サピエンス（新人）の最古の骨の出土だった。その後、三万五〇〇〇年以上前のものと考えられる人骨が発掘され、墓跡や火葬場跡、石器や貝塚の発見も相次ぎ、この地域が発達した文明をもった人びとの豊かな生活の場であったことが証明された。ウィランドラ湖群地域は、考古学上かけがえのない遺産である。

風雨の浸食によって湖沼跡周辺は超現実的な景観を見せている。

豊かな生物相と先住民アート、魅力多彩な公園

㉛ カカドゥ国立公園

オーストラリア

アクセス　ダーウィンからバスで約４時間。数日間のツアーを利用するのが便利
所在地　ノーザン・テリトリー州北部
登録名　Kakadu National Park

カカドゥ国立公園は総面積一万八〇〇〇平方キロ、日本の四国地方ほどの広さを誇るオーストラリア最大の国立公園である。同時にこの公園は、園内に特徴の異なる複数の自然相を擁し、加えて先住民族アボリジニの文化遺産が残る、世界屈指の贅沢な国立公園といっていい。

大陸の中央北部、ノーザン・テリトリーの州都ダーウィンの東約二二〇キロの一帯に、この公園は広がっている。ヴァン・ディーメン湾に面した沿岸部は、マングローブが群生し、珍鳥オーストラリアヅルやイリエワニなどが共生する。その背後はサバンナや草原が連なる丘陵地帯で、あの愛嬌たっぷりなエリマキトカゲはこの地に生息している。公園南西部から北東部にかけては、断崖状の台地と不毛地帯。ユーカリが生えるだけの乾燥地では小型種のカンガルーが見られる。

アボリジニのロック・アート（岩壁画）が残るのはノーランジー・ロックやオビリ・ロック。骨や内臓まで描く「X線描法」には、先住民の宇宙観や死生観がうかがえ、興味がつきない。

公園南東部のシダ類が生い茂る渓谷に流れ落ちるジムジム滝。

アボリジニのロック・アート。2万年以上も前から描きつづけられてきたという。

あるクロワラルーなど、独特の生物が生息する。

タコノキの仲間。沿岸部に広がる湿地帯は水鳥やワニの格好の生息地。

低潅木とサバンナが続くカカドゥ国立公園のウビル・ロック。小型種のカンガルーで

ユーカリの林に入り交じり、つくられた巨大なシロアリ塚。

アボリジニの聖地に君臨する「赤い心臓」

㉜ウルル=カタ・ジュター国立公園

オーストラリア

アクセス　ケアンズから飛行機で約３時間10分。バスならアリス・スプリングスから約４時間40分
所在地　ノーザン・テリトリー州南部
登録名　Uluru-Kata Tjuta National Park

「オーストラリアの赤い心臓」と呼ばれるこの雄大な奇観を、多くの人は「エアーズ・ロック」の名で記憶していることと思う。しかし現在は、オーストラリアの先住民アボリジニが長く使ってきた呼称「ウルル」（「日陰の場所」の意味）を正式名称としている。

オーストラリアのほぼ中央部に位置するウルルとカタ・ジュター（別名オルガ山）は一九五〇年代から観光開発が進められ、国立公園化が計られた。しかし、この一帯にはもともとアナング族が住み、土地を所有していた。彼らは領地返還要求の法廷闘争を続けて、一九八五年にその権利を勝ち得たのである。その結果、エアーズ・ロックとオルガ山は再びアボリジニの名称で呼ばれることになったのだ。

ウルル山は周囲約九キロ、高さ三四八メートルの一枚岩。カタ・ジュターは三六の巨大な岩の集合体。ともに地殻変動と浸食作用によって現在のような奇岩が形成された。一帯はアボリジニの聖地で、洞窟などの聖域にはロック・アート（岩壁画）の装飾が施されている。

岩の表面の酸化鉄が、太陽光線によって赤色に紫色に刻々変化するウルル山。

数億年に及ぶ浸食作用が岩面に独特の模様を描きだしている。

ウルル山頂への登山道は1600m。気温が38℃を超えると閉鎖される。

大音響とともに立ち昇る水煙

㉝ヴィクトリアの滝

ジンバブエ・ザンビア

アクセス　南アフリカのヨハネスブルグからヴィクトリア・フォールズに行くのが一般的。そこから滝までは歩いて５分程度。ザンビア側からもアクセスは可能
所在地　ザンベジ川の中流。ジンバブエとザンビアの国境
登録名　Mosi-oa-Tunya/Victoria Falls

イギリス人宣教師にして探検家のデヴィッド・リヴィングストンが一八五五年にたどりつくまで、この滝は現地の人びとから「モシ・オア・トゥンヤ（雷鳴の轟《とどろ》く水煙）」と呼ばれていた。アンゴラ奥地に水源を発するザンベジ川は、やがてモザンビーク海峡へと注ぐが、その中流、ジンバブエとザンビアの国境で、この一大景観を形成する。最大幅一七〇〇メートル、最大落差一一〇～一五〇メートル。水量は最大時で毎分五億リットル。大空高く一五〇メートルも立ち昇る水煙は、三〇キロ離れた場所からも「雷鳴の轟き」とともに望見できる。

滝を中心にジンバブエ、ザンビア両国側に国立公園が広がり、滝とともに動植物を含んだ自然保護区に指定されている。滝周辺には稀少植物が生育する熱帯雲霧林が広がり、降り注ぐ水煙は湿潤を好む植物に格好の繁殖地を提供している。動物相も豊かで、草食の稀少種セーブルアンテロープをはじめ、イボイノシシ、インパラ、さらにアフリカゾウ、キリン、カバなどの大型哺乳類動物の姿も多く見られる。

ツル植物やシダ類などの植物の400種が固有種である。

ヴィクトリアの滝の上部に点在する無数の島々は、珍しい動植物の格好の生息地だ。

ヌーの大移動は動物の楽園の一大叙事詩

㉞ セレンゲティ国立公園

タンザニア

アクセス　ケニアのナイロビからバスで国境を越えてアルーシャか、モシへ。サファリ・ツアーを利用
所在地　タンザニア北部。ケニアとの国境付近
登録名　Serengeti National Park

雨季が終わる六月はじめ。セレンゲティ国立公園恒例の一大ドラマが始まる。ヌーの大移動である。この公園に生息する草食動物の約半分に相当する一五〇万頭ものヌーが、餌となる草を求め大平原を移動するのだ。公園南東部から西へ、ヴィクトリア湖に近いケニアのマサイ・マラ動物保護区へと二カ月間、一五〇〇キロもの距離を大群が駆けぬけるのである。渡河の際にワニに食われ、川を血に染める。疲労した一群はライオンやハイエナなど肉食獣の餌食に。大群が踏みつけた草は、少量の雨にも回復して茂る。動植物あいまった自然の連鎖が、毎年この地で繰り広げられている。

セレンゲティはタンザニア北部でケニアと国境を接し、ヴィクトリア湖東岸から大陸の最高峰キリマンジャロ山西麓にまで広がる総面積一万四七六三平方キロにも及ぶ大自然公園である。遊牧民マサイ族の言葉で「果てしない平原」を意味するセレンゲティは、あらゆる野生動物の生態が観察可能な、動物学の実験場でもある。

東アフリカの広大なサバンナでは、動物たちが悠然として草を食(は)む。

セレンゲティ国立公園の一大スペクタクル、土埃をあげ餌を求めに行くヌーの大群。

時速60kmもで走るヒョウも、日中は木の上や草むらで休息する。

アカシア・トルティリスの葉を食べるキリンの一家。

英米のハンターの狩猟によって、一時は激減したライオン。

ふたつ立て、その上に水平に石をのせたトリリトンという石組みが特徴。

第四章 謎の古代遺跡を探る

紀元前3000年頃から何世紀にもわたってつくられたストーンヘンジ。大きな石を

祭祀場か、天文台か、巨石のミステリー

35 ストーンヘンジ、エーヴベリーと関連遺跡群

イギリス

アクセス　ストーンヘンジ：ロンドンから列車で約1時間30分、ソールズベリ駅下車、バスで約30分
エーヴベリー：ロンドンから列車で約1時間、スウィンドン駅下車、バスで約25分
所在地　イングランド、ウィルシャー県、ソールズベリ
登録名　Stonehenge, Avebury and Associated Sites

夏至の朝、ストーンヘンジは大勢の観光客に囲まれる。ここソールズベリ大平原を舞台に、年に一度の天体ショーが始まるのだ。四重のストーンサークルの真ん中にある祭壇石、そして少し離れた通路上にある、かかと石（ヒールストーン）。このふたつの石と地平線のかなたから昇ってくる太陽がみごとに一直線に結ばれる。

五〇〇〇年も前につくられたとされるこの遺跡。大昔、いったい誰がなんのためにこんな巧妙な仕掛けを用意したのだろうか。太陽崇拝のための祭祀場だったとか天体観測のためとか、説はさまざまである。

約八〇個の巨石の多くは約三〇キロ離れた丘陵地から運ばれてきた。うち、最大のものは約五〇トン、高さ約七メートルもある。約六〇個の小さめの石は、なんと二二〇キロも北のウェールズ地方の産。途中にある山脈をどうやって越えたのだろう。

ここより北エーヴベリーにも、ヨーロッパ最大級の巨石遺跡があり、夜になると魔女たちが恐ろしい宴を催した、という伝説が残っている。

ストーンヘンジは、もともと直径約30mの優雅な同心円状をしていた。

実在した「黄金に富むミケーネ」

㊱ミケーネとティリンスの古代遺跡

ギリシア

アクセス　アテネからバスで約２時間
所在地　ペロポネソス半島東部アリゴリ県のミケーネおよびティリンス
登録名　The Archaeological Sites of Mycenae and Tiryns

立派なひげ、威厳ある風貌、これこそ英雄アガメムノンのものに違いない……そう信じ込んだ男は、喜びのあまり黄金の仮面に接吻した。

彼の名はシュリーマン。ホメロスの世界にとりつかれ、叙事詩に謳《うた》われた場所を探しつづけた。一八七六年、彼がミケーネの円形墓地から、この仮面をはじめ数々の黄金の財宝を発見したことで、ホメロスの「黄金に富むミケーネ」は現実のものとなり、トロイやティリンスといった伝説の地も、彼によって実在が明らかにされたのである。

クレタ文明のもとに発達したミケーネは東地中海の交易を支配し、青銅器文明や線文字を発展させた。紀元前十六世紀頃、絶頂期に達し、やがてアガメムノンの時代には小国家が併存して競い合った。ドーム形の墓室や、巨大な石を組み合わせた堅固な城壁や門が残っている。

その後、仮面はアガメムノンの時代よりさらに古いものと判明。また一九五三年には、ミケーネ人が使った謎の「線文字B」は古いギリシア語であることも解明され、文書からもミケーネ時代が立証された。

金の財宝が出土した円形墓地。シュリーマンは６基の王墓のうち５基を発見した。

王城入口の獅子門。左右対称の獅子が王威を象徴。紀元前13世紀半ばに築かれた。

樹海にひそむ高度な文明都市

㊲ 古代都市 チチェン＝イツァ

メキシコ

アクセス　メリダからバスで約２時間30分、カンクンからは約３時間30分。飛行機のパックツアーもある
所在地　ユカタン州チチェン
登録名　Pre-Hispanic City of Chichen-Itza

ヘビが石段を降りてくる。スルスルと、這うように。ククルカン（羽毛の生えたヘビ）の神殿で見られるこの現象は、古代マヤ人どころか、現代のわれわれをも驚かせる。実は春分の日と秋分の日に太陽の光が神殿の階段上につくりだす影の悪戯《いたずら》なのだが。

チチェン＝イツァはユカタン半島の密林のなかで九世紀から十三世紀にわたって栄えた。マヤ文明とトルテカ文明が融合した独特の建築様式や宗教儀式が特徴で、壮大な遺跡が残されている。

なかで最大のククルカンの神殿は、神殿全体がマヤの暦を表している。階段や各層の浮彫の数は一年の日数や周期を示す。カラコルと呼ばれる円形の天文台では、最上階の窓から太陽や月、星の動きを観測し、ほとんど誤差のない周期を割りだしていたことがわかっている。簡単な数式と肉眼による観測だけで精巧な建築物や暦をつくりあげたその知恵と情熱には舌を巻く。

高度な文明を生みだす一方で、生贄《いけにえ》を神に捧げる儀式も行われてい

た。生贄の心臓をおいた「チャクモール」の石像、生贄の首を並べた棚「ツォンパントリ」。その側壁にはどくろの浮彫がびっしりと並び、泉からは生贄にされたと思われる相当量の人骨が発見されている。

生命の源である太陽が再び昇ってくるために、エネルギー源として生贄をさしだし、動いている心臓を神に捧げる……古代メキシコ人の天への思いが、このチチェン＝イツァの遺跡に滲んでいる。

戦士の神殿にあるチャクモール像。腹部の皿に生贄の心臓をのせた。

さえぎるもののないジャングルのなかで天体を観測し、生活に役立てた。

チチェン＝イツァ遺跡にそびえるククルカンの神殿。古代マヤの人びとは、360度

石窟の奥深く隠されていた敦煌文書

38 敦煌の莫高窟

中国

アクセス　北京から敦煌まで飛行機。敦煌からはバス・ツアーが便利
所在地　甘粛省敦煌県、県城郊外
登録名　Mogao Caves

シルクロードへの中継基地として栄えた敦煌《とんこう》。その南東、砂で覆われた鳴沙《めいさ》山東麓に穿《うが》たれた石窟群が莫高窟《ばっこうくつ》である。三六六年以来、十三世紀まで開窟が続けられ、今も四九二の石窟が残っている。

そのなかには、さまざまな様式の彩色塑像約二〇〇〇体、約一〇〇〇幅の壁画が収められ、天井は飛天模様や千仏図でくまなく埋めつくされている。表現の豊かさ、装飾の美しさはたとえようもなく、当時の人びとの極楽浄土への夢を彩りも鮮やかに今日に伝えている。

一九〇〇年、王道士によって発見された莫高窟第一七窟の秘密の扉。そこにはおびただしい古文書の山があった。西夏《せいか》の時代より実に八〇〇年もの間、石窟の奥に封じこめられていた経典や古写本数万点。その多くが、スタインはじめ外国の研究者たちに持ち去られ、解読された。みごとな絹本絵画や刺繍《ししゅう》のほか、地誌・戸籍・小説など当時の社会を知るうえで貴重な資料も多く、「敦煌文書《もんじょ》」として世界中から注目され、「敦煌学」という学問のジャンルをつくりだす端緒となった。

九層楼の北大仏殿は莫高窟の象徴。

流砂などからの崩壊を防ぐ工事がなされた。

則天武后をモデルにしたといわれる弥勒仏像(北大仏)。高さ33mと巨大である。

インダスの高度な都市文化を伝える

㊴モヘンジョ・ダーロの古代遺跡

パキスタン

アクセス　カラチから飛行機で1時間20分
所在地　シンド州カラチの北300km
登録名　Archaeological Ruins at Moenjodaro

カラチからプロペラ機で飛び立つと、眼下には平原を雄大に流れるインダス川が、そしてうす茶色の粘土模型のような遺跡が見えてくる。紀元前二三〇〇年から前一八〇〇年頃に興亡したこの都市遺跡はモヘンジョ・ダーロ（死者の丘）と呼ばれている。

遺跡のなかを歩いてみると、この都市がいかにみごとな計画性をもち、活気にあふれた街だったかがわかる。レンガづくりの穀物倉庫、大浴場、学問所、見張り塔など大きな公共施設がきちんと区画され、市街地には人家が整然と並ぶ。下水道や水洗トイレさえ設けられていた。これほどのすばらしい都市がなぜ衰退したのだろうか。

川の流れが変化したため灌漑《かんがい》農耕ができなくなったとする説。レンガを焼くために森林を伐採しすぎ、土地の乾燥化を招いたとする説。アーリア人に攻略されたとする説。原因はいまだ定まっていない。

インダス文明最大のこの遺跡は現在、地下水位の上昇による塩害のため、崩壊の危機に瀕している。

神殿や王宮など統治者のための建物が見当たらないことも、この遺跡の特徴。

至るところに井戸があり、また街路に下水道も完備された衛生的な都市だった。

神になろうとした王の不思議な陵墓

㊵ネムルト・ダア

トルコ

アクセス　マラテヤまでイスタンブールから飛行機で1時間30分。アディアカンまでは各地からバスの便がある。カフタへはアディアカンからバスで30分。アディアカン、マラテヤ、カフタなどからツアーを利用
所在地　トルコ東南部、マラテヤ地方ネムルト山頂上
登録名　Nemrut Dag

山の斜面にごろごろと転がる巨大な首。一度見たら忘れられない奇妙な光景だ。しかし、最初からこのような形だったわけではなく、地震で巨神像の首の部分が転げ落ちたのである。標高二一五〇メートルのネムルト山（ネムルト・ダア）の頂に立つ巨神像は、紀元前二〜前一世紀にかけて山麓一帯に栄えた、コマゲネ王国のアンティオコス一世の陵墓を飾るものだ。陵墓は紀元前一世紀半ばの建造である。

陵墓のあるネムルト山はきれいな円錐形をしている。実はこの山頂は、元来の山の上に細かく砕いた石を積み上げた人工のもの。高さ五〇メートル、直径一五〇メートルにわたって石が積まれている。山頂全体が陵墓であるが、墓室はまだ発見されていない。

巨神像は東と西の斜面に、それぞれ五体ずつ、下界を見下ろすように並んで立っている。実際に見る巨神像はかなり大きく、コバルト・ブルーの空を背景にそそり立つ姿は迫力がある。頭部だけで二メートル、胴体部分は八メートルもあり、右からギリシア神話のヘラクレス、

5体の巨像は、さらに両脇を獅子と鷲の像で守られていた。鷲は王権の象徴である。

アポロン、ゼウス、コマゲネの守護女神テュケ、そして、アンティオコス一世自身である。興味深いことに、本来は別の信仰であるペルシア神話の神の名も併記されている。また、神に交じって王が並んでいるのも注目される。西斜面には巨神像のほかに、アンティオコス一世がヘラクレス、ゼウス、アポロンとそれぞれ握手するレリーフも立てられている。王は神になりたかったのだろうか。小国コマゲネは歴史に埋もれてしまったが、アンティオコス一世の陵墓とともに、その名を後世に残したのである。

巨神像の足元から麓を見下ろすと、青空や雲までが眼下に広がり、さらに遠く、蛇行する川がアナトリアの大地に輝く。

ネムルト・ダアの巨神像頭部。顔はギリシア風だが、帽子はペルシアのもの。

「バベルの塔」を思わせる西アジア最大の塔

㊶ チョーガ・ザンビル

イラン

アクセス　テヘランからアフワーズまで飛行機で約1時間。そこから車で約2時間
所在地　テヘランの南西約450km。フゼスターン州
登録名　Tchogha Zanbil

その昔、ノアの子孫が集まって天にとどく塔を築きはじめた。しかし、神が怒って作業ができないように彼らの言語を乱したので塔は未完に終わった、という伝説がある。旧約聖書に記される、この「バベルの塔」はメソポタミアの古代都市バビロンのジッグラト（聖塔）と推定されるが、現在、そこには基礎部分の瓦礫《がれき》しか残されていない。

世界最古の文明がおこったメソポタミア一帯では、あらゆる生命が山に宿ると考えられ、それをかたどってジッグラトがつくられた。方形で階段状の塔。上に行くほど方形は小さく、何層にも重ねる建物で、天と地のきずなをもつために最上階に神殿がおかれていた。

チョーガ・ザンビルには、そのバベルの塔を彷彿《ほうふつ》させるジッグラトが残る。入れ子型の五層構造で、ピラミッド形の底辺は一辺一〇五メートルの正方形。四隅は正しく東西南北を指している。現在二八メートルの高さだが、建設当時は倍以上あったと思われ、紀元前十三世紀頃、交易で隆盛を誇っていたエラム王国の勢力が反映されている。

つくられた、このジッグラトは保存状態もよく、貴重な遺跡である。

チョーガ・ザンビルとは「大きな籠のような山」の意味。焼成レンガと日干しレンガで

岩絵が物語る緑のサハラ

㊷ タッシリ・ナジェール

アルジェリア

アクセス　アルジェからジャネットまで飛行機、そこからツアーを利用
所在地　アルジェリア南東部、リビアとの国境付近
登録名　Tassili n' Ajjer

一九五〇年代、フランスの考古学者が発表した壁画の模写は世界中の人びとを驚かせた。なぜなら、それが見つかったのは人が住むとも思われないサハラ砂漠の山塊だったからである。サハラは「褐色の無」を意味する不毛の地。いったい誰がラクダさえ脚を血まみれにするような険しい岩脈のなかや、水もない砂漠に住んでいたのだろうか。

答えは、約八〇〇〇年前から紀元前後まで描かれてきた壁画そのもののなかにあった。リビアから連なる広大な山脈、その数十カ所ものの岩陰に残された絵。太古の美術館ともいえるこの岩のアトリエには、祈る人や弓を射る人、踊る人、レイヨウやヤギ、ウシやラクダの群れなど、豊かな表現力や美しい色づかいの絵が巧みな構図で展開される。

岩絵は研究者によって野生生物の時代、狩猟民の時代、ウシの時代、ウマの時代、ラクダの時代などと区分される。狩猟や牧畜に向いた湿潤な土地だったサハラが、乾燥して砂漠となっていく歴史を雄弁に物語っている。タッシリ・ナジェールとは「川のある台地」の意味だ。

岩陰の壁に描き刻まれた絵は数万点に及ぶ。付近の頁岩が顔料に用いられている。

狩猟民の時代に描かれた高さ３mの「白い巨人」。ヤギが重ね描きされている。

地には水の浸食によってできた奇怪な岩が荒涼たる光景を見せている。

タッシリ・ナジェール山脈は長さ800km。1000mを超す峰々が連なる。山上の台

王家の谷に今もツタンカーメン王が眠る

㊸古代都市テーベとその墓地遺跡

エジプト

アクセス　カイロからルクソールまで飛行機で約1時間、空港から市内まで車で約20分。カイロから列車またはバスなら約10時間
所在地　ルクソール県
登録名　Ancient Thebes with its Necropolis

カイロからナイル川を約七〇〇キロさかのぼると、テーベに着く。かつてエジプト新王国の首都が置かれ、大いに繁栄した街だ。

ナイル川東岸には、カルナック神殿（アメン神を祭る大神殿が中心）とルクソール神殿がある。歴代の王は自分の業績を誇示するため、大列柱や塔門、オベリスクや石像などの建造物を神殿内に次々に増やしていった。広大な聖域はいつも多くの遺跡ファンでにぎわっている。

西岸は太陽が沈むため「死者の都」といわれる。岩山が連なる荒涼とした場所に、多くの墓や葬祭殿がつくられた。一九二二年に「王家の谷」から発見されたツタンカーメン王の墓は、盗掘をまぬがれた唯一の墓である。一八歳で亡くなった少年王のミイラ、黄金のマスクや豪華な副葬品など約二〇〇〇点の出土品は、世界の注目をあびた。

在位六七年にわたって君臨し、各地に大神殿を建築した偉大なる王ラムセス二世。彼の墓には、どれほどの財宝がおさめられていたことだろうか。今は知るすべもないが、驚くことに彼のミイラは、カイロ

アメン大神殿の参道には牡羊頭のスフィンクスが40体も居並ぶ。

アメン大神殿の大列柱室。134本もの巨大なパピルス柱が林立する。

博物館に厳重に保管されている。当時の神官の努力により、数十体の王族のミイラが別の墓所に隠されていたのだった。

三〇〇〇年の時を越え、ひとりの人間としてこの世に確かに存在するミイラ。神殿の柱や墓室の壁面、また、副葬品の「死者の書」などにびっしりと描きこまれた再生への願い……。永遠の命を欲した古代エジプト人の思いは、もしかしたらかなえられたのかもしれない。

柱が背景の絶壁とみごとに調和する。エジプト建築史上最高傑作のひとつ。

テーベの王家の谷手前にあるハトシェプスト女王葬祭殿。３段のテラスと傾斜路、列

世界の覇者から滅亡へ、カルタゴの夢の跡

44 カルタゴ遺跡

チュニジア

アクセス　チュニスから郊外列車ＴＧＭで約20分。遺跡の範囲には６つの駅がある
所在地　チュニス市街と北郊外、地中海沿岸
登録名　Site of Carthage

カルタゴはアフリカの北端、地中海に面した地である。ローマ帝国の植民都市として二世紀から三世紀にかけて栄え、全盛期には三〇万の人口をかかえていた。動物をモチーフにしたみごとなモザイク装飾の残る住居跡、海を背景にした広大なアントニヌス帝の浴場跡などに「アフリカのローマ」と呼ばれた当時の繁栄ぶりが偲ばれる。しかし、ここにはそれより前、もうひとつの歴史があった。

紀元前六世紀頃から、フェニキア人の植民都市カルタゴは地中海貿易で富み栄え「世界の覇者」と呼ばれた。が、それを面白く思わないローマに戦争をしかけられ、三次にわたるポエニ戦争に突入する。

奇襲作戦で名高い将軍ハンニバルによる翻弄《ほんろう》、敗れても敗れても復興を遂げるカルタゴ。その底力を恐れたローマ軍によって、紀元前一四六年、街は破壊しつくされた。最後には塩さえまかれたという。

ローマを圧倒する海軍力をもちながら、あと一歩のところで勝者となれなかったカルタゴ。悲劇の都市として人びとの心に刻まれている。

ローマ時代のアントニヌス浴場跡。広大な敷地に何百もの部屋やプールがあった。

モザイク装飾の床はローマ時代の遺産。

郊外に残るローマ時代の水道橋。

コラム

産業文化の遺産

世界遺産の登録基準のひとつに「建築物、技術、記念碑、都市計画、文化的景観の発展に大きな影響を与えたもの」という一項がある。

人類の歩みには、技術革新による一大転換期が幾度かあった。それにともない、時代の先端を担う産業が隆盛に向かい、また、いつしか時の動きに取り残されていく。世界遺産のなかには、そうした技術・産業の変遷を物語る

産業革命の象徴アイアンブリッジ

「遺跡」も、指定されている。近代化の歴史を知るうえで大きな意味をもつ遺産を訪ねてみよう。

十八世紀中頃まで、水と風と人間や動物の筋力が機械の動力であった。それが蒸気という新しい動力源の登場で、産業の様相が一変した。

イングランド中部、「アイアンブリッジ峡谷」にあるコールブルックデイルは、産業革命の発祥地として知られている。木炭にかわりコークスを使う製鉄法を生み出していたエイブラハム・ダービー社は、蒸気機関の導入によって鉄の大量生産に成功した。そして一七七九年に、世界初の鉄橋を完成させたのである。この「アイアンブリッジ」をはじめ、溶鉱炉や鉄の工場が残り、産業技術史の博物館となっている。博物館

内で、十九世紀のヴィクトリア女王時代のペニー銅貨を通用させる楽しい演出もしている。

また、産業の中心が重工業に移る十九世紀後半の第二次産業革命を象徴するのが、ドイツ南西部にある「フェルクリンゲン製鉄所」である。一八七一年、ドイツ帝国が成立すると、宰相ビスマルクの指導のもと高度の工業化が推進された。一八七三年設立のこの製鉄所は多くの技術開発に取り組み、世界の製鉄産業の中心として発展する。しかし、七〇年代にヨーロッパ全体の製鉄業が不振に陥り、一九八六年に操業を停止した。工場は当時のままの姿で保存され、博物館や科学技術センターなどに利用されている。

また、二十世紀の工業都市に先んじて、フランスのルイ一六世の命により都市計画が進められたのが「アルケ=セナンの王立製塩所」。一七七八年設立の工場は、住宅、市場、科学や芸術の研究所なども含め、同心円状の都市をつくる予定だったが、経営が破綻、志は遂げられなかった。製塩所長の住まいを中心に、理想都市の一部が残されている。

巨大な鉄のオブジェのようなフェルクリンゲン製鉄所

アルケ=セナンの王立製塩所の元所長邸

はウフィッツイ美術館とピッティ宮を結ぶ渡り廊下がのる。

第五章 歴史のある街を歩く

アルノ川に架かるポンテ・ヴェッキオはフィレンツェ発祥の地。宝石店が並ぶ橋上に

ルネサンスの香気につつまれた花の都

㊺ フィレンツェ歴史地区

イタリア

アクセス ローマから列車で約3時間、特急では約2時間。ミラノから特急で約3時間
所在地 イタリア中部トスカーナ州、アルノ川沿岸
登録名 Historic Centre of Florence

アルノ川南岸の丘上からフィレンツェの全貌を眺める。川に架かるアーチ状のいくつもの石橋。気品ある朱金色に統一された屋根瓦の波の中央に、大聖堂の美しい円蓋《えんがい》と鐘楼が絶妙な調和を見せて浮かぶ。背後にはトスカーナの丘の緑が広々と霞み、見わたすかぎり現代を思わせるものはなにもない。まさにルネサンス時代の光景そのものだ。

フィレンツェ、英語でフローレンス。花の都というその名は、紀元前にこの地に住みついた古代ローマ人が、女神フローラを祀ったことに由来するという。この街に中世イタリアのコムーネ（自治都市）が形成されたのは十二世紀。とくにフィレンツェは商人・職人によるアルテ（同業組合）の力が強く、十四世紀初頭には金融・流通・毛織物などで国際的な都市となって富を集めた。すでにこの時代、政治の中心となる政庁舎ヴェッキオ宮や、宗教上の中心、花の聖母大聖堂の建設が始まり、ジオットやダンテらの著名な芸術家が活躍していた。

しかし、フィレンツェが花開くのは次の十五世紀、大商人メディチ

フィレンツェの中心にそびえる街の象徴、花の聖母大聖堂の円蓋とジオットの塔。

家が寡頭支配を敷いてからである。大コジモからロレンツォ豪華王にいたる約六〇年間、メディチの当主はイタリア全土から優れた芸術家を呼び寄せ、この地からルネサンスがはじまった。その幕開けが、建築家ブルネッレスキによる花の聖母大聖堂の巨大な円蓋の完成だった。

この大円蓋を中心にシニョーリア広場、サン・ロレンツォ教会、ウフィッツィ美術館など、数限りない彫刻・絵画をおさめた歴史的建築・広場が連なり、街のいたるところでミケランジェロの彫刻や、ダ・ヴィンチ、ボッティチェリなどルネサンスを代表する芸術家の作品に出会うことができる。フィレンツェはまさに街全体がルネサンスの美術館なのである。

ピッティ宮の天井画。メディチ家のコジモが宮殿とした館は美術品の宝庫だ。

ヴェッキオ宮前のミケランジェロのダビデ。

噴水のあるヴェッキオ宮の中庭。

フィレンツェの路地を歩いているとふいに巨大な大聖堂の円蓋が現れ、驚かされる。

トスカーナの「美しき塔の街」

㊻ サン・ジミニャーノ歴史地区

イタリア

アクセス　フィレンツェからポッジボンシ駅まで列車で約１時間、またはシエナ行きバスで約40分、そこからバスで約20分。シエナからは直通バスで約50分
所在地　イタリア中西部トスカーナ州フィレンツェの南西約50km
登録名　Historic Centre of San Gimignano

フィレンツェの南西、オリーブの茂るゆるやかな丘上に、中世の高い塔が林立するサン・ジミニャーノがある。塔の数は現在一四。城壁に囲まれた小さな街に、かつては七二もの塔がひしめいていたというから、その壮観は中世の人びとには摩天楼なみの迫力であったろう。

ふたつの街道の交差する地に発展したサン・ジミニャーノでは、十三世紀頃、貴族が教皇派と皇帝派に分かれて勢力を争っていた。その時期に、戦いの備えと権力の誇示のため、貴族らはより高くより立派な塔の建築を競ったのである。緊急時には塔と塔の間に木橋を渡して空中を行き来したといい、今もその橋げたの穴が塔に見られる。

中世の中・北部イタリアでは、貴族らが都市に無数の塔を建てたが、今に伝わるものは多くない。サン・ジミニャーノは、ルネサンス期以降に街道からはずれ、発展が止まったため塔が残された。それでも風化が進んで二五基まで激減した十七世紀に、人びとが法令をつくって塔を守らなければ、この中世さながらの景観は現存しなかっただろう。

群をなす塔のうち、54mと一番高いポポロ宮の塔は1311年の建造。

中央に立派な井戸のあるチステルナ広場は13～14世紀建造の館に囲まれる。

円柱の森にさまようメスキータの幻想的空間

㊼ コルドバ歴史地区

スペイン

アクセス　マドリードからアトーチャ駅発のAVEで約1時間40分、特急で2時間、バスで4時間30分。バルセロナからサンツ駅発の特急で10時間。グラナダから直通バスで2時間30分

所在地　アンダルシア地方コルドバ県

登録名　Historic Centre of Cordoba

コルドバ……この小ぶりで静かな街に、かつてはヨーロッパ各国から集まった一〇〇万人もの人びとが行き交い、六〇〇を超えるモスクからコーランを詠唱する声が重奏して響きわたった時代があった。

ローマ時代からこの地の人びとは学芸を愛した。皇帝ネロの師となった哲学者のセネカはこの街の出身である。八世紀、ダマスカスを追われたアブド・アッラフマーン一世が、コルドバを首都にイスラム教徒の国を建てる。十一世紀まで続いたこの後ウマイヤ朝時代に、コルドバは東のメッカと並び、西のイスラム世界の中心として空前の栄華を誇ったのだ。モスクにはスペインで最初のマドラサ（高等教育施設）が開設され、天文・医学・哲学などで最先端の教育をした。

初期モスクのもっとも優れた建築といわれるメスキータ（モスク）は、アッラフマーン一世が七八五年に着手し、二度の大規模な拡張を経て、十世紀には二万五〇〇〇人の信徒が礼拝できる巨大な空間となった。往時一〇〇〇本ほどもあった円柱は、遠くカルタゴやコンスタンティ

メスキータの壁を彩る装飾タイル。アラベスク文様のモザイクが見られる。

グアダルキビル川の水面に姿を映すメスキータ。手前の橋は歴史あるローマ橋。

ノープルの古代建築から集められたという。切石の白とレンガの赤が独特な二重アーチをのせ、薄闇のなかに無限とも見える円柱の森が広がる。そのさまは眩暈《めまい》を覚えるほど幻惑的だ。礼拝室のミフラーブ（壁龕《へきがん》）は荘厳なビザンチン様式のモザイクで彩られる。

十三世紀にコルドバを奪い返したキリスト教徒は、一五二三年モスクの中央にキリスト教の大聖堂の建造を開始した。モスクにはめこまれた教会は、さまざまな宗教が交錯した街の歴史に思いを導く。

メスキータを中心とする歴史地区には、アルカサル（城塞）や白壁と路地の続くユダヤ人街が集中する。美しいパティオ（中庭）が多く、そぞろ歩きが楽しい。

コルドバの象徴メスキータの中庭。信者はここで身を清めて礼拝に向かった。

メスキータ内部。大理石の円柱は16世紀の改修で850本ほどに減った。

黄金の川岸にひしめくポルトガルの歴史

㊽ ポルト歴史地区

ポルトガル

アクセス　リスボンから特急で3時間、急行で4時間、市の東部のカンパーニャ駅に着く。または飛行機で約45分、空港からバスで20〜30分
所在地　ポルトガル北西部、ドゥーロ川北岸の丘陵地帯
登録名　Historic Centre of Oporto

「黄金の川」という名のドゥーロ川がゆったりと大西洋にそそぐ河口近く、その北岸の急斜面にポルトの街はひらけた。急な坂の斜面に歴史ある建物がしがみつき密集し、まるで岩礁にとりついた甲殻類のように、どこかわいざつながら生命感に満ちた調和と美を感じさせる。

ポルトはかつてローマ帝国の一部であった。対岸の地はカレと呼ばれ、その港（ポルトゥス）の役割を果たしたことから「ポルトゥス・カレ（カレの港）」の名が生まれ、ポルトガルの発祥の地となった。

八世紀にはイスラム教徒の手に落ちたが、やがてキリスト教徒のレコンキスタ（国土回復戦争）が起こり、ポルトは戦いに功績のあったフランス貴族アンリ・ド・ブルゴーニュに与えられた。彼の息子がアルフォンソ一世。一一四三年独立国家となったポルトガルの初代国王だ。十五世紀にポルトガルは海洋貿易で世界に進出する。その大航海時代の幕を開けたエンリケ航海王子が誕生したのもポルトであった。

また、ポルトガル・ワインの代名詞「ポート・ワイン」は、ポルト

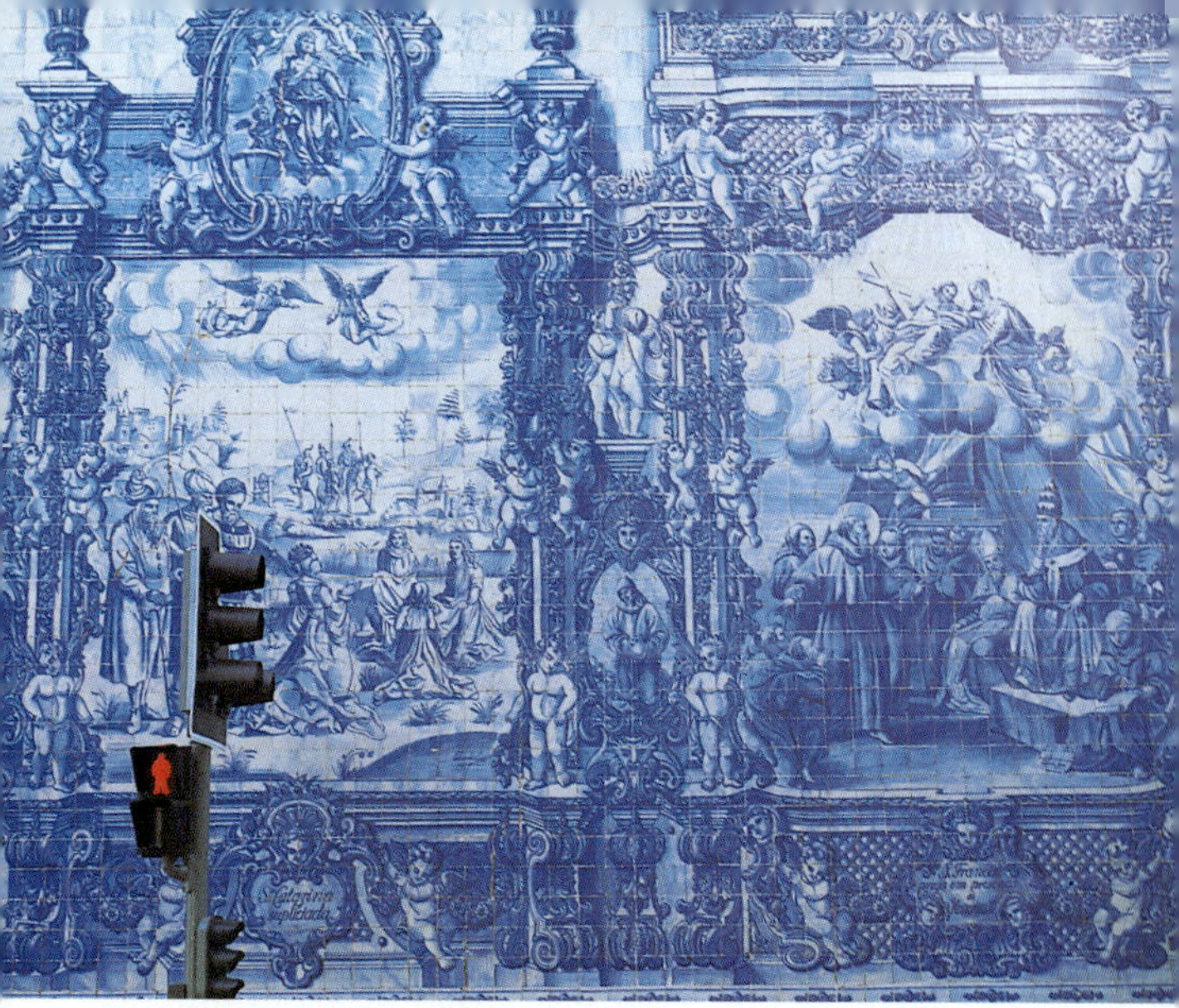

17世紀から流行した青い装飾タイル「アズレージョ」はポルトガル建築の特徴。

を積み出し港とする。川の上流で栽培したブドウを対岸の町ヴィラ・ノヴァ・デ・ガイアで熟成させた甘い酒が、ポルトに富をもたらした。

街の南にある歴史地区は、かつて中世の市壁に囲まれていた地域である。川岸のリベイラ地区には、色とりどりに壁面を装飾し、アラベスク模様の手すりをもつ建物が並ぶ。細い坂道を登ると、商都ポルトの象徴ボルサ宮、十二世紀に要塞をかねて創建されたポルト大聖堂など由緒ある建築が点在する。ボルサ宮に近いサン・フランシスコ教会の内部は、したたるような金泥を塗った彫刻で過剰なまでに装飾され、その豪華絢爛なバロック空間には圧倒されるばかりだ。

は、建築家エッフェルの弟子により1886年に架けられた。

対岸からポルトの歴史地区を望む。ドゥーロ川にかかるこの２階構造のルイス１世橋

蜂蜜色のマルタ・ストーンで包まれる要塞都市

㊾ヴァレッタ市街

マルタ

アクセス　ローマから飛行機で約1時間30分。空港からバスで市街へ
所在地　マルタ島東部北岸
登録名　City of Valletta

「地中海のヘソ」と呼ばれる、東西わずか二七キロしかない小さな島マルタ。この島が一躍世界史の表舞台となったのは、オスマン・トルコに破れた聖ヨハネ騎士団が、一五三〇年にエーゲ海入口のロードス島から逃れて移り住んだからだ。当時の騎士団長ヴァレッタは、島の北東部に強固な要塞都市を建設。以来、マルタは、イスラム勢力に対抗するキリスト教世界の戦略的な砦としての役割を果たした。

騎士団の騎士たちは、ヨーロッパの名門貴族の次男以下の子弟であった。彼らは清貧、服従、貞節を重んじ、結婚は許されなかった。ヴァレッタには莫大な富をつぎこんで、豪華絢爛な大聖堂や宮殿、劇場、出身国別の館、そして当時最高の医療を施した病院などが建てられた。

街の内部は、すべて戦いに備えて設計されている。たとえば、街路はどこも直線で、素早く戦闘に応じられる工夫が凝らされているというように。十六世紀そのままの街を歩いていると、甲冑《かっちゅう》を身にまとった騎士《ナイト》が馬に乗って走り去るシーンが目に浮かぶようである。

地中海に浮かぶヴァレッタの市街。中央のドームが富を結集した聖ヨハネ大聖堂。

「ガラリヤ」と呼ばれる木製の出窓が特徴的なマルタ・ストーンの家並み。

街ごと要塞化された。クルージングを楽しみ、海から街を眺めよう。

マルタ島北東部、天然の良港に囲まれたシベラス半島。16世紀に堅牢な堡塁を築き、

壮麗な建築に満ちた「百塔の都」

㊿ プラハ歴史地区

チェコ

アクセス　オーストリアのウィーンからプラハのルジニェ空港まで飛行機で約1時間。空港からプラハ市街へは市バスで約20分
所在地　首都プラハ
登録名　Historic Centre of Prague

地図を見ると、チェコはヨーロッパのほぼ中央に位置している。かつて「黄金のプラハ」と誉め讃えられたこの国の首都は、豊富な鉱山資源にも支えられ、東方貿易の根拠地である北イタリアのヴェネツィアや中欧、北欧を結ぶ商業ルートの中心地として大いに栄えた。そしてまたその地理的な条件が、波乱に富んだ歴史を生んだのである。

赤い屋根が続く街を歩くと、ヨーロッパでも有数の繁栄を誇った中世都市の世界に一気に引きこまれる。ロマネスク、ゴシック、ルネサンス、バロックからアール・ヌーヴォーに至るまで、さまざまな様式の何百という数の建築が美しく調和している。十七世紀の宗教戦争や第二次世界大戦の破壊をくぐりぬけながら、これほど中世ヨーロッパの栄華を今に伝える街は少ない。

街を見下ろす丘に立つプラハ城は、ボヘミア王国が力をもちはじめた九世紀の城塞を起源とし、歴代の王が手を入れつづけ、今世紀初頭まで、なんと一二〇〇年近くをかけて完成されている。この城を見て

ヴルタヴァ川の両岸に広がるプラハの街並み。中央が14世紀建設のカレル橋。

まわるだけでも、歴史の変遷をたどれるほどである。

十四世紀に神聖ローマ帝国皇帝となったカレル四世の時代には、各地から建築家や芸術家を呼び集め、帝都にふさわしい大規模な都市計画が推し進められた。プラハの見どころであるカレル橋、カレル大学、聖ヴィート大聖堂の主要部、天文時計で有名な旧市庁舎などはこの時代に築かれたもの。十六世紀にはオーストリアのハプスブルク家の支配下に入り、街は華麗なバロック建築に塗り替えられて、今日に見る街並みがほぼ整った。

黒光りする石畳の細い路地をさまよい歩くと、教会の尖塔が見えてくる。それがまたこの街の魅力のひとつである。

マラー・ストラナ広場の壮麗なバロック建築、聖ミクラーシュ教会に至る。

歴代ボヘミア王の居城であったプラハ城。中央にそびえるのが聖ヴィート大聖堂。

市民生活の中心として栄え、プラハの歴史的事件の舞台となった旧市街広場。

ハンザ同盟都市の繁栄を伝える街

51 リガ歴史地区

ラトビア

アクセス　空港からバスで市内まで約30分
所在地　ヴィゼメ県
登録名　Historic Centre of Riga

バルト海に望むラトビアの美しい首都リガ。十三世紀に北海・バルト海沿岸と北ドイツの諸都市によって結成された貿易のネットワーク、ハンザ同盟の一員として栄えた街だ。ドイツ商人によって開かれたため、古いドイツの街並みと似通った堅牢な雰囲気をもっている。

リガの中心であるドゥアマ広場にはリガ大聖堂が立つ。十三世紀から六〇〇年余りもかけて増改築が繰り返されたため、ロマネスクからバロックまでのさまざまな様式が見られる。世界でも有数の規模のパイプオルガン、色鮮やかなステンドグラスなど、この都市の栄華を象徴する建物である。また街には、十五世紀に建てられた住居や古い倉庫など、味わいのある建築がそのまま残っている。

もうひとつリガを特徴づけるのは、十九世紀後半から二十世紀にかけて盛んだったアール・ヌーヴォー（ドイツ語でユーゲント・シュテール）の建築群。人面が彫られたファサードや奇妙で美しい階段など、細部が装飾に満ち満ちている。この街は目を凝らして歩きたい。

現在は博物館やコンサートホールとしても使われているリガ大聖堂(左)。

いる。緑の尖塔は、15世紀に再建された高さ80mの聖ヤコブ教会。

中世に迷いこむようなリガ旧市街。バルト海のリガ湾に続くダウガヴァ川に臨んで

フェス――「中世の缶詰」の街に生きる

野町和嘉

モロッコの歴史ある街には、メディナと呼ばれる堅固な城壁に囲まれた旧市街がある。外と通じる城門は、昔は日没とともに閉じられるのが常で、つい一世紀前まで、モロッコの街といえばこれら城壁のなかの市街をさしていた。なかでも、もっとも古く規模の大きなのは、マラケシュ、メクネスとともに世界遺産に登録されているフェス（208ページ）である。

フェスの建造がはじまったのは九世紀はじめのことで、ここはモロッコ文化発祥の地であり、現在のモロッコの支配層の多くは、かつてこのメディナで成功したフェス商人の末裔なのである。メディ

人が満ちあふれるフェスのスーク(市場)　撮影・野町和嘉

ナの成功者たちは、現在に到るも車の乗り入れもできない不便なメディナを去って新市街の邸宅に移り住んでしまった。

メディナでは、周囲一〇キロほどの城壁のなか、場所によっては崩れかけ、半ばスラム化した迷路の街に二五万人もがひしめき合って暮らしており、ここは、中世のたたずまいのまま、現在のモロッコでもっとも活気あふれる庶民の街なのである。その点では数ある世界遺産のなかでは異色の存在ではなかろうか。

午前一〇時過ぎ、メディナのスーク(市場)が活気づく時刻である。日覆い越しにもれる陽光が、ところどころ光の束となって射しこんだうす暗く狭い通りは、行き交う人波であふれている。びっしりと並ぶ店は、大半が間口一間ほどの狭いもので、ひしめく商品は路上にまであふれている。布地屋、皮革加工業、香辛料屋など、同業者が軒を連ねており、それぞれの通りでは独特のにおいが漂っている。

混雑する通りに、ひときわ甲高い声が響き、振り向くと、「道をあけてくれ！」と叫ぶロバ引きの声で、荷物を満載したロバが目の前に現れ、あわてて道をあける。狭い迷路が入り組んだメディナでは、運搬手段はもっぱらロバに頼っており、大型冷蔵庫や血の滴《したた》る肉の塊までもがこうして運ばれている。

喧騒のスークを外れて、入り組んだ路地奥の、手垢で黒光りした重い扉をくぐると、突如そこに、大樹の茂るアンダルシア風の庭園が広がっていて、静寂のなか、大理石の水盤に落ちる水音だけが聴こえる、魔法にかけられたような空間が隠されていることもある。

昔の大商人の邸宅なのだが、荒れ果てたそれらの多くには貧しい数家族が住みついており、精緻を極めたアラベスク模様のタイル壁を背景に、くたびれた洗濯物が滴《しずく》をたらしながらぶらさがっていたり

テレビもロバの背に載せて運ぶ　撮影・野町和嘉

する。

観光客の目当ては、歴史的なモスクや贅を尽くした昔のマドラサ（高等教育施設）であり、世界遺産登録の対象も、本来はそれら文化財が目玉であるに違いない。だがフェスで一番刺激的なのは、昔ながらのモロッコの暮らしを封じこめた、いわば「中世の缶詰」ともいえる、活気あふれる庶民の街に溶けこんでいく自分を意識するときではないだろうか。

変わらない昔ながらの人情にふれるということは、言葉や民族を超えて、手をふれ合えば伝わる体温を感じ取るようなものであろう。異星人もどきの化粧と厚底靴で闊歩する、ジャリ娘たちとすれ違うたびに寒気を感じてしまう日本の盛り場などより、はるかになじみやすいのである。

（のまち　かずよし　写真家）

スペインのコロニアル都市の栄華

㊽ 古都グアナファトと近隣の鉱山群

メキシコ

アクセス　メキシコ・シティからバスで約５時間30分、またはレオン空港からバスで約１時間
所在地　グアナファト州グアナファト
登録名　Historic Town of Guanajuato and Adjacent Mines

標高二〇〇〇メートルの高原にあるグアナファトは、夢のように美しい街だ。十六世紀にスペイン人が入植し、銀山が発見されてから大いに発展した。なにしろ十八世紀には、世界の銀の四分の一とも三分の一ともいわれる量を産出していたのである。巨万の富がこの街に流れこみ、メキシコでもっとも麗しい街をつくりあげた。豪華な教会が広場ごとに立ち、優美な大学や劇場、鉱山主の豪邸なども、この街の豊かさを示している。

信号やネオンもなく、景観が重んじられている旧市街には、美しい小径が迷路のように続いている。また、週末には街の雰囲気に合わせた古典劇やコンサートが催され、夜の街は中世のファンタジックな世界に包まれる。

ほかにも十九世紀のスペインからの独立運動のモニュメントや、市街に張りめぐらされた地下街道、郊外にある深さ五〇〇メートルの銀山の坑道など見どころが多く、一度は訪れてみたい街である。

銀山を背景に発展し、メキシコ独立運動の発祥地としての歴史をもつグアナファト。

グアナファト郊外に立つバロック風のバレンシア聖堂。金箔で覆われた祭壇がある。

小径に沿ったカラフルな建物が魅力。

17世紀建立のサンディエゴ教会。

日干しレンガを積み上げた「砂漠の摩天楼」

㊿シバームの旧城壁都市

イエメン

アクセス　サナアから飛行機で約1時間、サユーン空港から車で約30分
所在地　サナアの東約470km。イエメン中部、ハドラマウト地方
登録名　Old Walled City of Shibam

アラビア半島の南部、砂漠の真っ只中に忽然《こつぜん》と蜃気楼のように現れるのがシバームの街並み。高さ三〇メートルほどの高層の建物が五〇〇も、軒を接して立っているのに度肝を抜かれる。

なぜこんな建物を建てたのだろう。家族が分家するときに別に建物を建てずに家の上に増築する、伝統的な家族制度が生んだ構造なのである。一軒の家のなかには一五から二〇もの部屋があり、階ごとに男性、女性、子どもの居住空間が定められている。日干しレンガの建物には、透かし彫りのアーチ形の木製の窓がはめられ、外装上部は漆喰《しっくい》とアラバスター(雪花石膏)を混ぜた白い塗料で化粧されている。維持するのが大変で、この建物に住んでいるのは裕福な層だけだという。

街は三世紀にハドラマウト王国の首都となり、砂漠の交易都市として栄えたが、ワジ(涸れ川)の上にあるので、一五三五年の大洪水で壊滅的な打撃を受けてしまった。現在見る建物はそれ以降のもので、築一〇〇年くらいのものが大半。今も一万人近い住民が暮らしている。

景観。雨期になると、洪水になることも多いので何度も建て替えられている。

砂漠地帯にあるオアシスの街シバーム。６〜８階建ての高層建築が連なるみごとな

城壁に守られた魅惑のイスラム都市

54 フェス旧市街

モロッコ

アクセス カサブランカから列車で約5～6時間、バスでは7時間。またはメクネスからバスで50分
所在地 モロッコ中北部、ラバトの東方約200km
登録名 Medina of Fez

フェスは「世界一複雑な迷宮都市」といわれる街だ。いっそ迷子になったように路地の裏々、活気に満ちたスーク（市場）を歩き、雑踏のなかで人々の暮らしを肌で感じてみよう。

東西二・二キロ、南北一・二キロ、起伏のある市街には車が入れず、荷物運びには馬やロバが使われている。道に迷ったときは、ロバの歩く道を探すと大きな道に出られるという。

モロッコ初のイスラム王朝であるイドリース朝の首都として九世紀に建設されたフェスは、宗教と文化の中心地として全アラブ世界に知れわたった。北アフリカ最大のカラウィーン・モスク、現在も大学として機能する美しいマドラサ（高等教育施設）。また民家の内側には、モザイクのタイルやアラベスク（アラブ風装飾）模様で飾られたパティオ（中庭）が設けられ、高い文化を偲ばせてくれる。今見る街の中心部は十四世紀以来ほとんど変化していないといわれ、中世のイスラム世界を垣間見る思いがする。

空から見ると民家が密集しているのがわかる。その合間を縫って路地が広がる。

フェスを取り囲む城壁。一歩入ると中世さながらの世界が広がる。

伝統的な工芸である皮なめし場。なめした皮を色とりどりに染めあげる。

旧市街の正面玄関ブー・ジュルード門。香辛料や食材の店がひしめく通りへ向かう。

イスラム建築の歴史がたどれる街

55 イスラム都市カイロ

エジプト

アクセス　カイロ空港から車で約30分
所在地　カイロ市東南部の旧市街
登録名　Islamic Cairo

ナイル川が地中海に注ぐデルタ地帯の付け根に位置するカイロ。アフリカ最大の都市で、アラブ・イスラム世界の一大中心地である。街には近代的なビルが林立する一方、コーランの章句がモスクから流れ、ひとたび路地に踏み入れると、アラビアン・ナイトの世界に迷いこんだような気分に浸ることができる。カイロでは中世と現代が混沌として並存しているのだ。

この肥沃なナイル・デルタをめぐって、古くからさまざまな権力争奪のドラマが繰り広げられてきた。ローマ帝国、アラブ、十字軍、オスマン・トルコ、フランス、イギリス……。この歴史の流れにあって、現在世界遺産に登録されている地区は、十世紀、イスラムの王朝であるファーティマ朝によって建設された新首都カーヒラ（勝利者の意）を礎《いしずえ》としている。

アル・アズハル・モスクはこの時代につくられた寺院であり、付属のマドラサ（高等教育施設）は、世界最古の大学の前身となった。また

対十字軍用に築かれたシタデル城塞と19世紀建立のムハンマド・アリ・モスク。

城壁に残る勝利の門や征服の門なども当時のままの姿を留めている。

その後、アイユーブ朝、マムルーク朝と王朝が移り変わっても、造船、絹や金属細工などの手工業、砂糖・酒・油の輸出など、産業の発展と盛んな交易活動に裏づけられて、数多くの壮麗なモスクが建設された。街の至るところで大きなドームと高いミナレット（尖塔）、マドラサ、そして創建者の廟《びょう》を見ることができる。

興味深いのは、こうした建造物を維持していくための経費を捻出するため、店舗や集合住宅を併設していることだ。イスラム教の五つの義務のひとつ「喜捨」により、歴史的建造物は長く保全されてきたのである。

の最高権威とされている。

ミナレットが並び立つカイロの街。

ムハンマド・アリ・モスクの中庭。

ムハンマド・アリ・モスクの内部。

970年、カイロ建設時に建てられたアル・アズハル・モスクは、現在もイスラム教

世界遺産とは

私たちが住む地球には、雄大な地形、多彩な動植物、古代人が残した壮大な遺跡など、人類と地球の歩みにとってかけがえのない遺産が数多くある。これらは、一度失ったら最後、人工では再び再現することが不可能な、人類共通の大切な〝宝〟である。未来に伝えていくには、民族や国境を越えた国際的な協力による保護が必要とされる。

このため、一九七二年、ユネスコ（国際教育科学文化機構）総会で「世界遺産条約」が採択された。これまで、別々に保護が考えられてきた、自然と文化の両方の遺産をひとつにまとめたのがこの条約の大きな特徴であり、現在一五八カ国が加盟している（日本は一九九二年に加盟）。

●世界遺産の登録

条約加盟国が、自国内の候補地を世界遺産委員会（条約締結国のなかから選ばれた二一カ国で構成）に推薦することから始まる。委員会の諮問機関によって調査と評価がなされ、毎年一回開催される世界遺産委員会で審査し、世界的に普遍的な価値を有すると認められれば「世界遺産リスト」への登録を決定する。

●世界遺産の種類と登録基準

世界遺産には、次の三つの種類があり、それぞれの基準が設けられている。

・文化遺産―記念工作物、建造物、遺跡。

①人間の創造的才能を表す傑作。

②建築物、技術、記念碑、都市計画、文化的景観の発展に大きな影響を与えたもの。

③現存する、あるいはすでに消滅してしまった伝統や文明の証拠を示すもの。

④ある様式の建築物の代表的なもの。
⑤ある文化を特徴づけるような伝統的集落や土地利用の例で、とくに存続が危うくなっているもの。
⑥世界的な出来事、伝統、思想、信仰、文学に関するもの。
・自然遺産―地形、生物、景観。
①地球の進化のおもな段階を示すところ。
②陸上、淡水域、海洋の生物の進化、また現在変化しつつある地質現象、人と自然の共生が如実に見られるところ。
③すばらしく美しい自然現象や景観が見られるところ。
④絶滅の危機にさらされている動植物の生息地や、野生の生物の多様性を保護するために重要なところ。
・複合遺産―文化と自然の両方の要素を兼ね備えたもの。それぞれの登録基準を、各ひとつ以上満たしていることが条件となる。
（登録基準は英文の原文を要約したもの）

●世界遺産基金

世界遺産の条約締結国は、遺産をもつ国が遺産保護に努めることに対し、援助を与えることを約束する。たがいに、保護に対する義務と責任を負うわけである。

世界遺産条約の成果のうち、もっとも重要なもののひとつは「世界遺産基金」の創設である。遺産基金は、条約を締結した国が出す分担金と寄付金から成り立っている。

この基金は、世界遺産に推薦するための事前の調査費、自然災害時・戦争勃発などの際の緊急援助、遺産の保存に携わる技術者養成費、また専門家・技術者の派遣、必要な機材の購入などに用いられている。

㉛カナイマ国立公園　ベネズエラ
㉜ハワイ火山国立公園　アメリカ
㉝黄山　中国
㉞屋久島　日本
㉟ハー・ロン湾　ベトナム
㊱ギョレメ国立公園とカッパドキアの岩石群　トルコ
㊲ジャイアンツ・コーズウェーとコーズウェー海岸　イギリス
㊳ンゴロンゴロ自然保護区　タンザニア
㊴グレート・バリア・リーフ　オーストラリア
㊵テ・ワヒポウナム　ニュージーランド

第四章　祈りの地を訪ねる

㊶モン＝サン＝ミシェルとその湾　フランス
㊷ケルン大聖堂　ドイツ
㊸ヴィースの巡礼教会　ドイツ
㊹リラ修道院　ブルガリア
㊺キジ島の木造教会　ロシア
㊻ラヴェンナの初期キリスト教建築物群　イタリア
㊼プエブラ歴史地区　メキシコ
㊽イスファハンのイマーム広場　イラン
㊾エルサレムの旧市街とその城壁　ヨルダンによる申請
㊿ボロブドゥル寺院遺跡群　インドネシア
51石窟庵と仏国寺　韓国
52サーンチーの仏教建造物　インド
53ダンブッラの黄金寺院　スリランカ
54エローラ石窟群　インド
55カジュラーホの建造物群　インド

エッセイ

「芸術の樽」イタリアの街角から　中丸三千繪
ヤクスギの森とともに二五年　水越 武
インド聖地巡礼　畠中光享

コラム

世界遺産の危機と修復
日本の世界遺産

好評既刊『世界遺産 厳選 55』収録世界遺産

第一章　美しい古都を歩く

❶ヴェネツィアとその潟　イタリア
❷シエナ歴史地区　イタリア
❸古都トレド　スペイン
❹グラナダのアルハンブラ、ヘネラリーフェとアルバイシン　スペイン
❺歴史的城壁都市カルカッソンヌ　フランス
❻ザルツブルク市街の歴史地区　オーストリア
❼ブダペスト、ドナウ河岸とブダ城地区　ハンガリー
❽ドゥブロヴニク旧市街　クロアチア
❾タリン歴史地区　エストニア
❿イスタンブール歴史地区　トルコ
⓫サナアの旧市街　イエメン
⓬ヒヴァのイチャン・カラ　ウズベキスタン
⓭サルヴァドール・デ・バイーア歴史地区　ブラジル

第二章　古代遺跡を巡る

⓮メンフィス周辺のピラミッド地帯　エジプト
⓯アブ・シンベルからフィラエまでのヌビア遺跡群　エジプト
⓰グレート・ジンバブエ遺跡　ジンバブエ
⓱ティムガッド　アルジェリア
⓲アテネのアクロポリス　ギリシア
⓳ポンペイ、エルコラーノ、トッレ・アヌンツィアータの遺跡　イタリア
⓴ペトラ　ヨルダン
㉑ペルセポリス　イラン
㉒アンコール　カンボジア
㉓ラパ・ヌイ国立公園　チリ
㉔ティカル国立公園　グアテマラ
㉕マチュ・ピチュの歴史保護区　ペルー
㉖ナスカとフマナ平原の地上絵　ペルー

第三章　大いなる自然に出会う

㉗ヨセミテ国立公園　アメリカ
㉘グランド・キャニオン国立公園　アメリカ
㉙イグアス国立公園　アルゼンチン・ブラジル
㉚ガラパゴス諸島　エクアドル

『世界遺産 行ってみたい 55』地域別・国別索引

国名	名称	種類	ページ
アジア			
イエメン	㊿シバームの旧城壁都市	文化	205
イラン	㊶チョーガ・ザンビル	文化	155
インド	❾タージ・マハル	文化	38
	ダージリン・ヒマラヤ鉄道	文化	81
インドネシア	㉙コモド国立公園	自然	120
シリア	❿パルミラの遺跡	文化	42
中国	❼頤和園、北京の皇帝の庭園	文化	30
	⓯麗江古城	文化	63
	㊳敦煌の莫高窟	文化	148
トルコ	㊵ネムルト・ダア	文化	152
日本	❽日光の社寺	文化	34
	⓰白川郷・五箇山の合掌造り集落	文化	66
パキスタン	㊴モヘンジョ・ダーロの古代遺跡	文化	150
フィリピン	⓱フィリピン・コルディレラの棚田	文化	69
ベトナム	❻フエの建造物群	文化	28
ヨーロッパ			
イギリス	❹ウェストミンスター宮殿・大寺院、聖マーガレット教会	文化	20
	㉟ストーンヘンジ、エーヴベリーと関連遺跡群	文化	138
	アンアンブリッジ峡谷	文化	168
イタリア	⓬アルベロベッロのトゥルッリ	文化	54
	㊺フィレンツェ歴史地区	文化	170
	㊻サン・ジミニャーノ歴史地区	文化	176
ギリシア	㊱ミケーネとティリンスの古代遺跡	文化	142
スウェーデン	㉑ラップ(サーメ)人地域	複合	87
スペイン	⓮歴史的城壁都市クエンカ	文化	60
	㊼コルドバ歴史地区	文化	178
チェコ	㊿プラハ歴史地区	文化	190
ドイツ	❷ヴュルツブルクの司教館、その庭園と広場	文化	13
	❸ポツダムとベルリンの宮殿と公園	文化	16
	フェルクリンゲン製鉄所	文化	169

レイアウト　なかのまさたか
文　小野さとみ　小西治美
郁野継雄　山浦秀紀
編集協力　市川由美　島田奈々子
写真提供　PPS通信社

撮影
Aihara, Masaaki　123, 126-127上
Ancellet, F. / Rapho　204上, 204左下
Annbe, Mitsuo　25, 191
Barnes, David　17
Bean, Tom　203, 204右下
Bella, Michele / ANA　78上
Bognar, Tibor　11上, 12, 31上, 135, 193下, 210上
Bossemeyer, Klaus / Bilderberg　59上下
Buss, Wojte　50, 51
Cazabon, Thierry　130
Champollion, Herve / Rapho　169下
Chinami, Toshihiko　151上下, 181上
Davis, Bob　31下
Degginger, Ed / Bruce　136下
Desmier / Rapho　85
Devaud, J.F. / Rapho　86
Edmaier, Bernhard / SPL　92-93
Ehlers, Kenneth　107
Franken, Owen / Corbis　61
Freeman, Michael　29下
Frerck, Robert　26-27, 183
Gerster, Georg　77, 100, 156-157, 188-189, 209
Gordon, Bruce / PRS　39
Goto, Masami　92
Grames, Eberhard / Bilderberg　177上
Grehan, Farell　100-101
Halin, Ray　129下
Hart, Kim　81上
Heseltine, John / Corbis　54-55
Hiramatsu, Shinji　174右下
Holton, George / PRS　8-9
Howarth, Anthony　141
Ishihara, Masao　14-15, 125下, 129上, 170-171, 175, 181下, 184-185
Jacobs, David　95
Kaehler, Wolfgang / Corbis　121上下
Kaiser, Henryk T.　99下
Kir, Kadir　153
Kirchgessner, Markus / Bilderberg　169上, 206-207
Kitchin, Thomas　104-105
Knapton, Chris / SPL　138-139
Kobayashi, Masanori　73, 143下
Koch, Paolo　53
Lahall, Jan-Peter　90, 96-97
Laine, Daniel / Corbis　64
Lang, Otto / Corbis　70上
Langley, J. Alex　22-23
Lau, Paul　65
Lessing, Erich　18-19, 214-215
Mangold, Guido　195, 196-197
Massimo, Pacifico　11下
Matsumoto, Hitomi　167右下
Matsuo, Toshiyuki　79
McNally, Joe　145
Miyajima, Yasuhiko　35上下
Miyazawa, Hironobu　70下
Miyoshi, Kazuyoshi　36-37
Mizukoshi, Takeshi　109上下, 110-111, 117, 118, 119
Nacivet, Jean-Paul　62, 70-71
Nagashima, Yoshiaki　174左下, 192
Nasuno, Yutaka　21上
Nomachi, Kazuyoshi　47上下, 48-49, 136上, 137上, 149, 159上下, 160-161, 163下, 164-165, 199, 201, 210下, 211, 214上, 214中, 214下
Oshida, Miho　44-45, 167左下, 213,
Oulds, Ron/Robert Harding　168
Petit, Alain　78下
Rayner, Hugh　40-41
Rey, Jane / ANA　82-83
Roberts, Garth　80
Sakamoto, Akira　43
Sato, Hideaki　125上
Sawaki, Keita　67
Sheridan, Cheryl　81下
Silvester, Hans / Rapho　88-89
Sioen, Gerard / Rapho　187下
Snowdon & Hoyer　57, 154
Southern Living / PRS　146-147
Straiton, Ken　68
Suzuki, Kaku　132-133
Tomalin, Norman Owen　137下, 143上
Veggi, Giulio / White Star　177下
Vidler, Steve　32-33, 74-75, 99上, 163上, 167上, 179, 180, 193上
Wener, Otto　187上
Wiewandt, T.A.　103
Woolfitt, Adam　21下
Yamamoto, Munesuke　29上
Yamashita, Michael　126下, 127下, 173, 174上

主な参考図書

『新潮世界美術辞典』(新潮社　1985年)
『みんなで守ろう　世界の文化・自然遺産』(全7巻　学習研究社　1994年)
『ユネスコ世界遺産』(全13巻　講談社　1998年完結)
『世界遺産を旅する』(全12巻　近畿日本ツーリスト　1998年)
『地球紀行　世界遺産の旅』(小学館　1999年)
『世界遺産年報2000』(日本ユネスコ協会連盟　2000年)
『地球紀行　世界遺産の旅2000』(小学館　2000年)

本書のプロフィール

本書は、当文庫のための書き下ろし作品です。

シンボルマークは、中国古代・殷代の金石文字です。宝物の代わりであった貝を運ぶ職掌を表わしています。当文庫はこれを、右手に「知識」左手に「勇気」を運ぶ者として図案化しました。

「小学館文庫」の文字づかいについて

- 文字表記については、できる限り原文を尊重しました。
- 口語文については、現代仮名づかいに改めました。
- 文語文については、旧仮名づかいを用いました。
- 常用漢字表外の漢字・音訓も用い、難解な漢字には振り仮名を付けました。
- 極端な当て字、代名詞、副詞、接続詞などのうち、原文を損なうおそれが少ないものは、仮名に改めました。

世界遺産《せかいいさん》［行ってみたい］55

著者 世界遺産《せかいいさん》を旅《たび》する会《かい》・編《へん》

二〇〇〇年七月一日 初版第一刷発行
二〇〇〇年八月一日 第二刷発行

発行者——山本 章
発行所——株式会社 小学館
〒一〇一-八〇〇一
東京都千代田区一ツ橋二-三-一
電話 編集〇三-三二三〇-五六一七
制作〇三-三二三〇-五三三三
販売〇三-三二三〇-五七三九
振替 〇〇一八〇-一-二〇〇

小学館文庫

印刷所——図書印刷株式会社
デザイン——奥村靫正

造本には十分注意しておりますが、万一、落丁・乱丁などの不良品がありましたら、「制作部」あてにお送りください。送料小社負担にてお取り替えいたします。

Printed in Japan ISBN4-09-417182-7

この文庫の詳しい内容はインターネットで
24時間ご覧になれます。またネットを通じ
書店あるいは宅急便ですぐご購入できます。
アドレス URL http://www.shogakukan.co.jp